Inhalt

Über die Autorin

 **Wera Nägler** ist Trainerin und Coach aus Leidenschaft. Das „erste" Berufsleben mit Ausbildung als Rechtsanwaltsgehilfin und über zehn Jahre in der Wirtschaft sowie die eigene Selbstständigkeit bilden die Grundlage für alles rund um das Büro-, Zeit- und Selbstmanagement. Als Coach und Trainerin kennt sie seit über zehn Jahren die Herausforderungen von Sekretärinnen, Solounternehmern, Sachbearbeitern und Führungskräften im Büro.

Wenn Wera Nägler Menschen berät, dann will sie nicht Menschen auf ein bestimmtes, „bewährtes" System anpassen. Ihr Interesse ist es, aus ihrem reichen Fundus die passenden Module zu finden oder zu erfinden, die dem inneren Verständnis von System und Struktur des Einzelnen entsprechen und zu den äußeren Bedingungen und Anforderungen des Arbeitsplatzes passen. Ein „Du musst es so machen, nur so geht's ‚richtig'!" gibt es bei der vielseitigen Autorin nicht.

Trainingsteilnehmer aus verschiedensten Branchen und in unterschiedlichen Funktionen profitieren seit Jahren von diesem Blick auf das Einmalige. Für die Leserinnen und Leser in diesem Buch bedeutet das, dass zu den meisten Vorgehensweisen Alternativen vorgeschlagen werden und die Aufforderung folgt: Jetzt sind Sie dran, bewerten Sie und wählen Sie aus. Dies hat sich bereits in den Fachartikeln bewährt, die Wera Nägler als VNR-Expertin für Büroorganisation für den Verlag für die Deutsche Wirtschaft schreibt.

Wera Nägler zeichnet sich dadurch aus, dass sie über den Tellerrand schaut. Nicht die konventionelle, sondern die individuelle Lösung wird gesucht. Und die ist so manches Mal überraschend anders und auch überraschend einfach.

Kontaktdaten der Autorin
E-Mail: hallo@wera-naegler-buch.de
Web: www.wera-naegler-buch.de

Vorwort

Liebe Leserin, lieber Leser,

„Eigentlich will ich mich nur um meine Kunden kümmern, aber vor lauter Büroarbeit komme ich oft nicht dazu." Diese Aussage höre ich als Trainerin und Coach häufiger. Die Büroarbeit von Angestellten, Solounternehmern und Führungskräften frisst einen großen Teil der täglichen Arbeitszeit. Und das, obwohl die Kernaufgaben oft woanders liegen: „In meinem Fachgebiet bin ich topp, aber in meinem Büro herrscht das reinste Chaos." Damit verbrennt man eine Menge Energie und Zeit und damit auch Lebenszeit. Denn man ahnt: Es könnte besser klappen mit der Büroorganisation.

Damit Sie erfolgreicher werden, braucht es die richtige Systematik. Viele Menschen „verordnen" sich eine Büroorganisation, die so nicht zu ihnen passt. Die meisten Probleme entstehen, weil nicht systematisch, strukturiert und typgerecht, sondern „irgendwie" vorgegangen wird. Sobald Sie einer grundlegenden Systematik in der Büroorganisation folgen, können Sie innerhalb dieser Struktur sehr individuell, kreativ und flexibel vorgehen. Aus meinem Erfahrungspool als Autorin und Trainerin für Büroorganisation stelle ich Ihnen verschiedene Möglichkeiten für eine Organisationsstruktur vor. Dabei geht es mir nicht nur um Effektivität und Effizienz. Mir sind weitere Punkte wichtig: Finden Sie heraus, wie Sie Ihrem Typ gemäß optimal arbeiten, wie Sie Ihre Nerven schonen können und wie Sie Zeit gewinnen für die wesentlichen Aufgaben in Ihrem Büro. Dazu stelle ich Ihnen grundsätzliche Systematiken sowie Umsetzungsvorschläge vor, aus denen Sie wählen können. Ich möchte Ihnen nicht nur erklären, wie Sie organisieren können. Mit meiner Erfahrung als Trainerin möchte ich Sie anregen, aktiv zu werden.

„**Beim Lesen werden die Leser schon die richtigen Schlüsse ziehen**", ist die Autorin überzeugt. Die Trainerin verlangt: „Lass sie nicht nur lesen, lass sie mit einem Stift gleich ankreuzen oder einkreisen, was Ihnen gefällt oder wichtig ist. Lass sie noch aufschreiben, welche Ideen sie umsetzen wollen. Dann werden sie nicht nur lesen und verstehen, sondern auch umsetzen!" Ich möchte Sie mit Checklisten und Übersichtsgrafiken anregen, sich und Ihre Organisation auf den Prüfstand zu stellen. Wählen Sie dann aus den Vorschlägen das für Sie passende Element aus. Und setzen Sie genau das um!

Es ist ein Mitmach-Buch geworden. Dabei gehe ich davon aus, dass Sie, liebe Leserin, lieber Leser, derzeit eine Büroorganisation einsetzen, die funktioniert. Vielleicht funktioniert sie „gerade eben so", aber Sie fangen nicht bei Null an. Suchen Sie sich bitte das heraus, was Sie in Ihrer Büroarbeit voranbringt. Vielleicht fragen Sie sich, wie Sie es schaffen können, alles umzusetzen? Nutzen Sie nur das, was zu Ihnen passt und was Sie brauchen. Betrachten Sie immer nur die nächsten Schritte. Wählen Sie aus, womit Sie in Zukunft die Arbeit leichter und besser erledigen. Das, was Ihnen mehr Zeit, Energie und Zufriedenheit bei der Büroorganisation verschafft.

Wie lesen Sie dieses Buch? Die Autorin sagt: „Liebe Leserinnen und Leser, lehnen Sie sich zurück und genießen Sie das Buch." Die Trainerin ergänzt: „Und bitte halten Sie Stift und Papier bereit. Denn mit Sicherheit werden Ihnen beim Lesen viele tolle Ideen kommen. Notieren Sie sie!"

Viel Spaß und Erfolg!

Ihre

1.
Die „Jeder-kanns-Mentalität" kostet Zeit und Nerven

Für 55 Prozent der Führungskräfte signalisiert Chaos am Arbeitsplatz eine unzuverlässige, unprofessionelle und unaufmerksame Arbeitsweise der entsprechenden Mitarbeiterinnen und Mitarbeiter, so der Psychologe Cary Copper. Der britische Professor befragte 500 Führungskräfte zu Arbeitsorganisation und Arbeitshaltung. Bei der Untersuchung der britischen Universität Lancaster gaben 70 Prozent der befragten Führungskräfte an, dass sie Mitarbeiter bevorzugen, die einen ordentlichen und aufgeräumten Schreibtisch haben. Sicher wissen auch Sie, dass für eine reibungslose Zusammenarbeit im Büro ein gewisses Maß an Büroorganisation unabdingbar ist. Systematik und Ordnung optimieren die Arbeitsvorgänge. Das erhöht Ihre persönliche Energie und gibt Ihnen Freiräume. Eine optimale Büroorganisation erleichtert Ihnen die Arbeit und sendet auch gegenüber Chefs und Kunden die richtigen Signale. Und doch retten sich viele Menschen mit ihren Bürotätigkeiten „irgendwie" von einem Tag zum nächsten und erledigen ihre Aufgaben „irgendwie" so gut es geht. Andere Büromenschen vermuten, dass es einfacher gehen könnte.

Es gibt keinen Standard in Büroorganisation

Woher stammen Ihre Kenntnisse und Strategien für die Büroorganisation? Wenn ich als Trainerin diese Frage in meinen Workshops stelle, erhalte ich diese Antworten: „Ich habe das von meiner Vorgängerin übernommen", „Ich habe geschaut, wie die anderen es machen" und „Grundlagen habe ich aus meiner Ausbildung, aber das war nur wenig und ist lange her." Es gibt keinen Standard für Büroorganisation und wenig bis nichts, was Berufsschulen oder Universitäten ihren Absolventen an strukturiertem Wissen mit auf den Berufsweg geben. „Büroorganisation stand nicht im Lehrplan. Aber macht ja nichts, das lernt man schon irgendwie", hoffen die meisten. Doch Fakt ist, dass normale Büroarbeit sozusagen „nebenbei" und mit unnötigen Reibungsverlusten erledigt wird.

Ausbildung in Büroorganisation? Fehlanzeige! Wer im kaufmännischen Bereich eine Ausbildung absolviert hat, verfügt in Sachen Büroarbeit zumeist über eine solide Basis. Hier stellt sich die Frage der Aktualität. Daneben gibt es die Quereinsteiger. Zur Erledigung Ihrer Aufgaben benötigen Sie eine funktionierende Büroorganisation. Und da diese in der Regel nicht gelernt wurde, „wurschteln" viele Quereinsteiger mehr oder weniger vor sich hin. Die Büroorganisation eines Versicherungsvertreters, eines Sachbearbeiters oder einer Sekretärin unterscheiden sich deutlich. Ein Freiberufler muss sein Büro anders organisieren als ein Eventmanager. Oft wird die Büroorganisation neben den eigentlichen Fachaufgaben entwickelt. Es entsteht ein Mix aus Einweisung durch Kollegen (die oftmals andere Ausbildungen und Aufgaben haben), Abschauen, Tipps Umsetzen mit „Versuch und Irrtum".

Organisierte Menschen sparen Zeit und Geld, reduzieren Stress und Frustration. Weit verbreitet ist die Meinung: „Büroarbeit? Jeder, der mit dem Computer umgehen und einen Ordner anlegen kann, beherrscht das." Das nennt sich die „Jeder-kanns-Mentalität". „Irgendwie" zum Ziel kommen heißt nicht, den kürzesten, leichtesten oder elegantesten Weg zu gehen. Organisierte Menschen kommen auf bessere Arbeitsergebnisse. Und sie sind besser für die Zukunft gewappnet, denn die wachsende Informationsmenge erfordert die Anwendung grundlegender Prinzipien und Organisationstechniken. Diese helfen, anstehende Aufgaben zu planen, Wesentliches von Unwesentlichem zu trennen und innerhalb eines sinnvollen oder vorgegebenen Zeitrahmens optimale Ergebnisse zu erzielen.

Gibt es „das" Geheimnis der Büroorganisation? Nein – „die" Büroorganisation gibt es nicht. Doch geeignete Arbeitsweisen und Arbeitsabläufe helfen, in einer bestimmten Zeit zu einem Ergebnis zu kommen. Systematik ist besser als „herumprobieren" und Prioritäten setzen ist erfahrungsgemäß zielführender als irgendwo anzufangen. Planung bringt mehr als zwischen Aufgaben hin- und herzuspringen. Eine gute Büroorganisation wird Ihnen helfen, mit weniger Aufwand die gleiche Leistung zu erbringen oder mit dem gleichen Aufwand mehr zu leisten. Beides reduziert den Stress und gibt Ihnen Freiraum für Ihre Kernaufgaben.

Die Bürowelt ist im permanenten Wandel – wo stehen Sie? Die Parallelwelt von Papier und elektronischem Medium ist für viele Büromenschen eine große Herausforderung. Wie werden Unterlagen, die zu einem Projekt gehören, organisiert, wenn ein Teil in Papierform vorliegt, ein anderer als elektronisches Dokument und ein dritter im E-Mail-Postfach hinterlegt ist? Wie werden dazu gehörende Notizen oder Informationen abgelegt, wie elektronisch, wie in Papierform? Wie werden diese Unterlagen zusammengeführt? Wie funktioniert das an einem Einzelarbeitsplatz, wie in einem Team, das zentral arbeitet? Welche Arbeitsmittel und Ausstattung benötigt jemand, der den Großteil der Arbeitszeit im Büro verbringt? Welche Bedürfnisse hat ein Mensch, der viel unterwegs ist? Welches Setting ist passend für jemanden, der zwischen Büro, Kunden, Hotel, Flughafen und Home-Office hin- und herwechselt? Tipps und Vorschläge gibt es für alle diese Situationen in den nachfolgenden Kapiteln.

Meine A-i-i-A-Systematik für mehr Entlastung im Kopf

Texte schreibe ich immer sorgfältig recherchiert. In erster Linie leben sie jedoch von meiner langjährigen Erfahrung als Coach und Trainerin für Büroorganisation. In vielen Gesprächen mit Seminarteilnehmern sowie in der täglichen Anwendung im eigenen Unternehmen stelle ich sicher, dass Dinge, die ich weitergebe, wirklich in der Praxis erprobt sind und tatsächlich funktionieren. Als grundlegende Systematik für mehr Übersicht empfehle ich Ihnen meine A-i-i-A-Systematik. Das besondere an dieser Arbeitsweise ist, dass klar zwischen echten Aufgaben einerseits und Ideen sowie Informationen anderseits unterschieden wird. Das hat einen großen Vorteil: Aufgaben werden als solche schneller sichtbar. Das Gefühl, im Chaos der Büroablagen zu ertrinken, verschwindet.

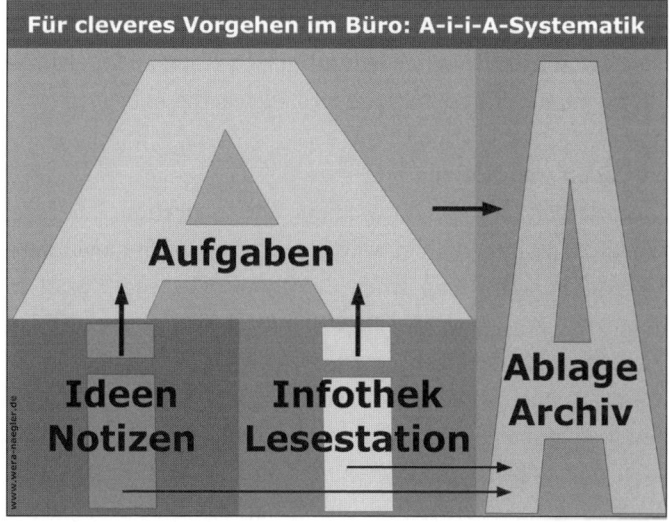

Abbildung 1: Meine A-i-i-A-Systematik – Ein System für cleveres Vorgehen im Büro

Die Systematik besteht aus den Punkten Aufgaben, Ideen, Informationen und Ablage. Die Aufgaben bilden dabei das zentrale Element und stehen im Mittelpunkt. Sie sehen weiterhin, dass aus Ideen, Notizen, Informationen oder Lesestoff Aufgaben werden können. Die Aufgaben kommen nach der Erledigung in den Bereich Ablage bzw. Archiv, ebenso wie Ideen und Informationen eine direkte Verbindung dorthin haben.

In den folgenden Kapiteln werden Sie das A-i-i-A-System noch bis ins kleinste Detail kennenlernen, hier zunächst eine Kurzvorstellung seiner Elemente (siehe auch Abbildung 1):

A = Aufgaben

Aufgaben sind die Aufträge Ihres Arbeitsgebietes, beispielsweise ein Angebot zu erstellen oder eine Einladung zu versenden. Aufgaben sind Arbeitsaufträge, die Ihre Kerntätigkeit zum Erfolg bringen oder anders ausgedrückt: Das, wofür Sie bezahlt werden oder was Ihr Geschäft am Leben erhält, wenn Sie selbstständig sind. Nach der Erledigung von Aufgaben kommen die dazugehörenden Unterlagen (Papier oder elektronisch) entweder in den Papierkorb oder in die Ablage.

I = Ideen und Notizen

Ideen sorgen für Weiterentwicklung und Innovation. Eine Idee, die nicht weiter verfolgt wird, beispielsweise Stammkunden bei Rechnungsstellung einen Gutschein beizulegen, gerät in Vergessenheit. Sie verschenken Potenzial für Ihr Geschäft von morgen, wenn Ideen nicht erfasst und als konkrete Aufgabe vorangetrieben werden. Notizen wiederum können Mitschriften von Besprechungen oder Kongressen sein. Auch sie sind erst einmal keine direkten Aufgaben für Ihr Tagesgeschäft. Doch langfristig dienen sie der Erhaltung Ihrer Kompetenz und der Fähigkeit, Probleme zu lösen. Aus Ideen und Notizen sollten konkrete Aufgaben werden. Sie werden abschließend entweder entsorgt oder abgelegt.

I = Infothek und Lesestation

In der Infothek werden Informationen erfasst, die zur Erledigung der Aufgaben erforderlich sind. Manchmal folgen daraus konkrete Aufgaben (beispielsweise den Außendienst über geänderte Spesensätze informieren). Manchmal benötigt man die Informationen zur Bearbeitung einer Aufgabe (beispielsweise eine Umsetzungsvorschrift bei einer Gesetzesänderung). Oder man legt die Information ab, um bei Bedarf später darauf zuzugreifen. Lesematerial fällt in den meisten Büros an, seien es firmeninterne Memos, neue Vorgaben oder Fachliteratur. Texte werden gelesen, weitere Aufgaben sind nicht zwingend damit verbunden. Aus Informationen und Fachtexten können konkrete Aufgaben entstehen. Zum Abschluss werden sie entsorgt oder abgelegt.

A = Ablage und Archiv

Ablage und Archiv sind die letzten Stationen von Aufgaben, die Sie erledigt haben. Kurzfristig kommen die Unterlagen in die Ablage (beispielsweise die Rechnungen des laufenden Geschäftsjahres). Zur langjährigen Aufbewahrung (beispielsweise Rechnungen vergangener Geschäftsjahre) erfolgt die Überführung in ein Archiv. Daneben können Notizen, Ideen, Informationsmaterial oder Lesestoff auch direkt in der Ablage oder dem Archiv abgelegt werden.

Zusammenfassung für eilige Leser

1. Über die Hälfte der Führungskräfte empfindet Chaos am Arbeitsplatz als unzuverlässige und unprofessionelle Arbeitsweise.
2. 70 Prozent der Führungskräfte bevorzugen Mitarbeiterinnen und Mitarbeiter, die einen ordentlichen und aufgeräumten Schreibtisch haben.
3. Es gibt keinen Standard für Büroorganisation. In Berufsschulen oder Universitäten fehlt in der Regel die Vermittlung von Büroorganisation.
4. Dieses Buch stellt Ihnen eine Systematik vor, die die Bereiche Aufgaben, Ideen/Notizen, Informationen/Lesestoff sowie Ablage/Archiv ordnet und in einen Zusammenhang bringt.

2.
Welcher Bürotyp bin ich?

Die Berufsgruppe und die Art der Tätigkeit haben einen hohen Einfluss auf die organisatorischen, technischen und räumlichen Erfordernisse. Dies führt zu Unterschieden in der Büroorganisation. Diese äußeren Bedingungen bezeichne ich als den Faktor Arbeitsumgebung. Hinzu kommen persönliche Eigenschaften und Fähigkeiten, die bestimmen, wie sich jemand in der Büroarbeit organisiert. Dies sind die Faktoren Gehirndominanz und Arbeitsweise.

Zwei Beispiele zur Verdeutlichung: Frau Schneider ist Sekretärin und arbeitet vorwiegend im Büro. PC, Server, Schnurtelefon und Besprechungen im Haus bestimmen ihren Alltag (Faktor Arbeitsumgebung). Sie muss extrem flexibel (Faktor Arbeitsweise) sowie sehr gut organisiert und strukturiert sein (Faktor Gehirndominanz). Frau Bergmann wiederum ist meist vor Ort bei wechselnden Kunden. Sie benötigt Notebook und Handy in der mobilen Variante (Arbeitsumgebung). Sie löst Probleme verschiedener Kunden (Arbeitsweise) und hat die Fähigkeit, sehr leicht Beziehungen aufzubauen (Gehirndominanz). Sehen Sie hier eine erste allgemeine Übersicht der drei Faktoren, die Ihnen anschließend im Bürotypentest wieder begegnen.

Gehirndominanz	Arbeitsweise	Arbeitsumgebung
linkshirndominant rechtshirndominant ausgeglichen	Langstreckenläufer Sprinter	stationärer Typ mobiler Typ to go-Typ
Man nutzt natürlich beide Gehirnhälften und beide „funktionieren". Bei den meisten Menschen ist eine Gehirnhälfte mit den jeweiligen Eigenschaften dominant. Diese bestimmt, wie man vorwiegend im Büro arbeitet, Probleme und Aufgaben löst. Dies ist allerdings nicht „festgeschrieben", denn das Gehirn ist extrem anpassungsfähig.	Meist hat man eine Präferenz für eine Arbeitsweise, die ich als „Langstreckenläufer" und als „Sprinter" bezeichne. Wenn man in seiner natürlichen Arbeitsweise arbeiten kann, ist es optimal. Je besser man auch im „Anti-Typ" arbeiten kann, desto flexibler und erfolgreicher ist man. Benötigt werden in der Büroarbeit beide Arbeitsweisen.	Hier geht es nicht um die eigene Persönlichkeit. Es geht um die technischen, räumlichen und organisatorischen Bedingungen des Arbeitsumfeldes. Das hat oft mit dem Beruf oder dem Unternehmen zu tun. Die Zuordnung würde sich ändern, wenn sich die Bedingungen im Arbeitsumfeld verändern.
Tipp: Versuchen Sie, sich so oft wie möglich in Ihrer natürlichen Arbeitsweise zu organisieren. Verbessern Sie die andere Arbeitsweise.	**Tipp:** Versuchen Sie, sich so oft wie möglich in Ihrer natürlichen Arbeitsweise zu organisieren. Verbessern Sie die andere Arbeitsweise.	**Tipp:** Ihre technischen, organisatorischen und räumlichen Bedingungen sollten zu Ihrem Arbeitsauftrag passen.

Machen Sie jetzt den Test!

Beachten Sie bitte, dass Sie bei Teil 1 (Gehirndominanz) und 2 (Arbeitsweise) ankreuzen, wie Sie gern arbeiten. Versuchen Sie zu unterscheiden, was für Sie „typisch" und was „gelernt" ist. Beispielsweise kann es sein, dass Ihr Chef und die Büroregeln keinerlei Stapel auf dem Schreibtisch zulassen. Auch Sie haben jetzt keine Stapel. Doch bei früheren Arbeitsstellen und zu Hause kommt es zur Stapelbildung. In dem Fall markieren Sie „Papierstapel auf dem Schreibtisch sind normal", denn das wäre für Sie *typisch*, und dass keine Stapel existieren, wäre *angelernt*. Viel Erfolg beim Bürotest!

1. Gehirndominanz – was ist für Sie *typisch*?

Kreuzen Sie an, wo Sie sich typischerweise wiedererkennen. Nicht: „So wäre ich gern oder so sollte ich sein …" Bedenken Sie: Wahrscheinlich *können* Sie beide Aspekte, die in der linken oder rechten Spalte genannt sind. Es geht aber darum, was für Sie *typischer* ist.

Motto	❏ Es gibt eine sinnvolle Ordnung, Reihenfolge und Struktur.	❏ Dinge entwickeln sich.
Sortierung	❏ Akten und Briefe sind fein säuberlich in den Ablagen.	❏ Papierstapel auf Ihrem Schreibtisch sind normal.
Überblick	❏ Ein Griff und Sie haben alles.	❏ Sie suchen häufig Unterlagen und Vorgänge.
Organisation	❏ Sie sind sehr gut organisiert und handeln planvoll, rational.	❏ Sie sind wenig bis schlecht organisiert, aber es klappt alles.
Planung	❏ Exakte Analysen, Tagespläne, Jahresziele und To-do-Listen gehen Ihnen locker von der Hand.	❏ Wochen- und Tagespläne erstellen Sie auch. Meist halten Sie sich aber nicht daran, sondern arbeiten so, wie es kommt.
Vorgehen	❏ Sie arbeiten gern eins nach dem anderen nach (Tages-)Plan ab.	❏ Sie arbeiten gerne an mehreren Dingen gleichzeitig.
Aufgabenerledigung	❏ Aufgaben gehen Sie systematisch an und achten sehr auf Details.	❏ Aufgaben erledigen Sie spontan und intuitiv.
Umgang mit E-Mails	❏ Der E-Mail-Posteingang ist fast leer, Sie nutzen Unterordner im Postfach.	❏ Das E-Mail-Postfach ist in der Regel dauerhaft gefüllt.

Projekte	❏ Ohne Planung können Sie kein Projekt starten, etwas dem Zufall zu überlassen liegt Ihnen nicht.	❏ Wenn es erforderlich ist, fangen Sie ein Projekt einfach an, die grobe Richtung reicht Ihnen.
Neigung	❏ Zahlen und Daten sind Ihnen wichtig.	❏ Menschen und Stimmungen sind Ihnen wichtig.
Flexibilität	❏ Unvorhergesehenes und Krisen bringen Sie (eher) aus dem Takt.	❏ Sie sind ein wahres Improvisationstalent.
Denken	❏ Sie können gut logisch und abstrakt denken.	❏ Sie denken eher assoziativ (miteinander verbindend) und in Bildern.
So sehen andere Sie	❏ Andere oder Sie selbst charakterisieren sich eher als genau, korrekt, pünktlich, routiniert oder pedantisch.	❏ Andere oder Sie selbst charakterisieren sich eher als chaotisch, sprunghaft, unsortiert, unfokussiert oder abschweifend.
Kommunikation	❏ Sie bevorzugen das Schriftliche vor dem Mündlichen.	❏ Sie bevorzugen das Mündliche vor dem Schriftlichen.
Ideen	❏ Ideen denken Sie am liebsten bis ins Detail und alleine durch.	❏ Ideen besprechen und entwickeln Sie lieber im Team.
Entscheidungen	❏ Sie ordnen Fakten, Argumente und möglichst alle Faktoren, wägen ab und denken gründlich nach, bevor Sie etwas entscheiden.	❏ Sie können gut intuitiv und aus dem Bauch heraus Entscheidungen treffen.
Qualitäten	❏ Sie sind gut darin, Situationen zu analysieren und zu optimieren.	❏ Sie sind gut darin, neue Ideen zu entwickeln und auf den Weg zu bringen.
Stärken	❏ Geduld, planen, ordnen, dokumentieren liegen Ihnen ebenso wie immer wieder Strukturen zu schaffen.	❏ Sie haben jede Menge Kontakte, Phantasie und finden immer eine Lösung, Querdenken liegt Ihnen.
Ergebnis 1 Bitte die Anzahl eintragen:	**linkshirndominant**	**rechtshirndominant**

2. Arbeitsweise – wie würden Sie am liebsten arbeiten?

Die Frage ist nicht, wie Sie tatsächlich arbeiten. Bewerten Sie die Aussagen danach, wie es für Sie optimal wäre. Wie würden Sie am liebsten arbeiten, wenn Sie die freie Wahl hätten?
Also nicht: „das kann ich auch" oder „das wird bei uns verlangt". Sondern: „Das liegt mir einfach ganz natürlich, so arbeite ich am besten."

Motto	❏ Sie lieben die Abwechslung. Telefonieren, mailen, Besprechung mit Kollegen, Angebot schreiben, Kunden treffen. Bei Ihnen ist immer was los.	❏ Ein schöner Tag! Völlig ungestört können Sie stundenlang an Ihrem wichtigsten Projekt arbeiten. Niemand stört.
Arbeits-einheiten	❏ Sie arbeiten gern in kurzen, intensiven und abwechslungsreichen Arbeitseinheiten.	❏ Sie arbeiten gern in langen, ruhigen Arbeitseinheiten, in denen Sie ganz in das Thema eintauchen können.
Arbeits-rhythmus	❏ Der Wechsel von kurzen, konzentrierten Arbeitseinheiten und Verabredungen, Besprechungen und Routinetätigkeiten liegt Ihnen.	❏ Sie konzentrieren sich gern länger auf eine Sache, Unterbrechungen stören eher.
Produktivi-tät	❏ Je länger Sie an ein und derselben Aufgabe arbeiten, desto unproduktiver werden Sie.	❏ Je mehr und öfter Sie zwischen verschiedenen Aufgaben wechseln, desto unproduktiver werden Sie.
Flexibilität	❏ Wenn Sie improvisieren müssen, blühen Sie regelrecht auf.	❏ Sie reagieren irritiert, ungehalten oder sogar konfus auf ständige Änderungen.
Unter-brechungen	❏ Sie springen bei Unterbrechungen bereitwillig auf das neue Thema an, vor allem, wenn es eine Abwechslung der Tätigkeit verspricht.	❏ Am liebsten würden Sie alle Unterbrechungen vermeiden, um die eigentliche Aufgabe erst zu Ende zu bringen.

28

Aufmerk-samkeit	❑ Ihre Aufmerksamkeit ist hoch bei wechselnden Tätigkeiten. Die Auf-merksamkeit lässt nach, wenn Sie „stundenlang" allein und ungestört an ein und derselben Auf-gabe brüten.	❑ Ihre Aufmerksamkeit ist hoch bei stunden-langem, ungestörtem Abarbeiten einer kniffeligen Aufgabe. Die Aufmerksamkeit lässt nach, wenn ständig die Art der Tätigkeit ver-ändert wird.
Arbeits-ergebnisse	❑ Optimale Ergebnisse erreichen Sie bei ab-wechslungsreichen Auf-gaben und Tätigkeiten.	❑ Bei ausreichend un-gestörten Arbeitsein-heiten, beispielsweise besprechungs- und terminfreien Tagen für Projekte oder länger dauernden Arbeiten, erreichen Sie optimale Ergebnisse.
Abschluss	❑ Sie neigen dazu, un-vollendete Projekte und Aufgaben anzusammeln.	❑ Sie sind unzufrieden, wenn Sie eine Aufgabe wegen anderer Projekte unterbrechen müssen, vor allem für längere Zeit.
Ergebnis 2 Bitte die Anzahl ein-tragen:	**Sprinter**	**Langstreckenläufer**

29

3. Arbeitsumfeld – wie ist es aktuell für Sie?

Was benötigen Sie derzeit zur Erledigung Ihrer Aufgaben? Welche Arbeits-
ausstattung ist erforderlich? Gemeint ist nicht; „das hätte ich gern", sondern wirklich: Was ist notwendig und sinnvoll für optimales Arbeiten?

Motto	❏ Ich halte hier die Stellung.	❏ Ich bin flexibel.	❏ Wenns nicht mobil ist, kann ich es nicht gebrauchen.
Ihr Arbeitsplatz und Tätigkeitsfeld	❏ Ihr Arbeitsplatz ist größtenteils im Büro.	❏ Ihr Arbeitsplatz ist im Büro. Sie sind allerdings auch zu Kundenbesuchen, längeren Terminen oder in Hotels unterwegs oder arbeiten im Home-Office.	❏ Ihr Arbeitsplatz ist selten im Büro. Sie sind über längere Phasen eher beim Kunden als im eigenen Büro, mehr im Hotel, Zug oder Flugzeug als im Büro oder Home-Office.
Computer	❏ Sie benötigen einen PC, aber es muss kein Notebook oder Netbook sein.	❏ Ein stationärer PC allein nützt Ihnen nichts. Zusätzlich brauchen Sie Notebook oder Netbook.	❏ Es muss auf jeden Fall ein Notebook oder Netbook sein.
Telefon	❏ Sie benötigen ein Telefon, ein Handy ist nicht zwingend erforderlich.	❏ Sie benötigen im Büro ein Telefon und für unterwegs ein Handy.	❏ Sie benötigen ein Handy in der internetfähigen Variante, optimal ist für Sie ein Smartphone.

Kalender	❑ Sie benötigen einen Terminkalender. Einen Papier-Wochenplaner oder einen elektronischer Kalender, den Kollegen beispielsweise zur Auskunft einsehen können.	❑ Sie benötigen einen elektronischen Terminkalender mit automatischem Abgleich im Büro.	❑ Sie benötigen einen elektronischen, wahrscheinlich virtuellen Terminkalender. Von überall her abrufbar, automatischer Abgleich mit bspw. der Sekretärin und all Ihren mobilen Geräten.
Internet	❑ Sie benötigen einen Internetzugang wahlweise per Kabel oder W-LAN.	❑ Sie benötigen eine mobile Internetnutzung. Das kann aber auch der Hotelcomputer sein.	❑ Sie brauchen Internet. Mobil. Immer. Schnell. Auf allen Geräten.
E-Mail	❑ Sie benötigen einen E-Mail-Zugang, beispielsweise komfortabel per Outlook oder Lotus auf Ihrem PC.	❑ Sie benötigen einen E-Mail-Zugang. Abrufbar über Notebook und Handy mit automatischem Datenabgleich.	❑ Sie brauchen einen mobilen E-Mail-Zugang. Abrufbar über Notebook, Handy & Co. mit automatischem Datenabgleich auf alle Geräte.

Datenzugriff	❏ Sie benötigen Zugriff auf elektronische Daten auf Ihrem PC oder auf dem Firmenserver.	❏ Sie benötigen Zugriff auf elektronische Daten in Ihrem Unternehmen auch von extern, und damit einen Zugang auf den Server und das Intranet.	❏ Sie benötigen externen Zugriff auf alle elektronischen Daten. Optimal arbeiten Sie, wenn Ihr Unternehmen Daten und Anwendungen ins Internet verlagert hat, also Cloud-Computing nutzt.
Besprechungen	❏ Sie haben Besprechungen vor Ort, persönlich und direkt.	❏ Sie führen Besprechungen als reale Konferenz oder als virtuelle Konferenzteilnahme.	❏ Sie nutzen häufiger Online-Konferenzen und brauchen entsprechende Ausstattung, zum Beispiel Headset mit Mikrofon.
Ergebnis 3 Bitte die Anzahl eintragen:	**stationär**	**mobil**	**to go**

Auswertung – Ihr Ergebnis in der Schnellübersicht

Je mehr Punkte Sie in einem Bereich haben, desto stärker ist Ihre Ausprägung. Je näher innerhalb einer Kategorie (zum Beispiel bei der Gehirndominanz) Ihre Punkte beieinander liegen, desto mehr sind Sie ein ausgewogener Typ. Dann lesen Sie die Beschreibungen und suchen bei den Tipps in diesem Buch das heraus, was Ihnen am besten gefällt. Bitte kreisen Sie Ihr Ergebnis ein.

Gehirndominanz	Arbeitsweise	Arbeitsumgebung
linkshirndominant	Langstreckenläufer	stationärer Typ
rechtshirndominant	Sprinter	mobiler Typ
ausgeglichen	Mischtyp	to go-Typ

Erläuterung Gehirndominanz: linkshirndominant, rechtshirndominant oder ausgewogen?

Das Gehirn besteht aus zwei Gehirnhälften. Diese haben gleiche, symmetrisch angelegte Funktionen, zum Beispiel die Steuerung, wenn eine Hand nach einem Apfel greift. Andere Fähigkeiten sind asymmetrisch, das heißt, sie sind nur oder überwiegend einer Gehirnhälfte zugeordnet. Jede Gehirnhälfte hat ihre Schwerpunkte – beispielsweise werden der linken Gehirnhälfte „strukturiert" und „an der Sache orientiert" zugeschrieben, während der rechten „intuitiv" und „an Menschen orientiert" zugeordnet werden. Diese Unterschiede entstehen erst im Verlauf unserer Entwicklung. Bis zum Vorschulalter benutzen Kinder beide Gehirnhälften gleichermaßen. Neben Erbanlagen beeinflussen Erziehung, Kultur, Geschlechterrolle sowie in besonderem Maße das Lernen in der Schule, wie jemand sein Gehirn nutzt. Spätestens nach der Grundschule wird im Schulunterricht einseitig die linke Hirnhälfte trainiert. Dadurch ist die rechte Gehirnhälfte mit ihren Funktionen und Möglichkeiten in bestimmten Bereichen untrainiert. Gewohnheitsmäßig wird die linke Gehirnhälfte auch dort eingesetzt, wo die rechte geeigneter wäre.

Wenn man die Gehirnhälften und ihre Auswirkungen auf die Arbeit im Büro betrachtet, geht es nicht um ein „besser" oder „schlechter", sondern um ein „anders". Ein Mensch, der rechtshirndominant ist, hat andere Strategien, um Aufgaben und Probleme zu lösen, als ein linkshirndominanter Mensch. Nicht besser, nicht schlechter, sondern anders. Je besser Sie sich selbst und auch andere in ihrer Büroorganisation verstehen, desto störungsfreier und gezielter können Sie arbeiten.

Die meisten Punkte bei „linkshirndominant"
Die linke Gehirnhälfte ist zuständig für Sprachgebrauch und -verständnis, Analyse, Ordnung und Routinen schaffen. Linkshirndominante Menschen gelten eher als zahlen- und faktenorientiert. Sie denken logisch, analytisch und in festgelegten Strukturen. Eindrücke und Einzelheiten werden geordnet, um sie später in Handeln umzusetzen.

So arbeiten Sie optimal: Typisch für ausgeprägt linkshirndominante Menschen ist die aufgaben- und ergebnisorientierte Haltung. Sie arbeiten gern mit Listen. Dem linkshirndominanten Büromenschen ist es angeboren, sich strukturieren zu können. Prioritäten setzen und Zeitplanung fallen ihm leicht.

Beim Tagesstart geht es zielgerichtet darum, was getan werden muss, deshalb ist eine Tagesplanung ein Muss. Alle Nebensächlichkeiten und störenden Faktoren können leicht ausgeblendet werden. Was der linkshirndominante Mensch sich vornimmt, wird in der Regel auch erreicht. Für ihn ist es befriedigend, Dateien, Ordner, Wiedervorlagen etc. systematisch zu ordnen.

Achten Sie auf diese Fallstricke: Linkshirndominante Menschen neigen dazu, Kommunikation und Beziehungen als nachgeordnet zu betrachten. Sie achten mehr auf die Sachebene und wundern sich dann über die Dynamik im Team. Es gibt die Neigung zum Überstrukturieren sowie das Festschreiben einmal definierter Vorgehensweisen, unabhängig von deren tatsächlicher Brauchbarkeit. Ein extrem linkshirndominanter Mensch neigt zum Festhalten an eigenen Grundsätzen bis hin zum Starrsinn. In Sachen Flexibilität und kreativer Problemlösung kann dieser Typ sich noch deutlich verbessern.

Die meisten Punkte bei „rechtshirndominant"
Die rechte Gehirnhälfte ist stark in Bildern, Zusammenhängen und Gefühlen, ebenso wie in Kreativität, Intuition, Querdenken und ganzheitlichem Denken. Hier ist der Geburtsort der (neuen) Gedanken, Lösungen und Ideenblitze. Rechtshirndominante Menschen denken an viele Dinge gleichzeitig und beginnen mehrere Tätigkeiten auf einmal.

So arbeiten Sie optimal: Die Stärke rechtshirndominanter Menschen ist ihr Überblick, die Beziehungsfähigkeit, Flexibilität und Problemlösungskompetenz. Das Hauptwerkzeug sollte die Wochen- und nicht nur die Tagesplanung sein. Dieser Typ kann gut mit Störungen und Unvorhergesehenem umgehen. Er ist bestens gerüstet, auf neue Situationen und Anforderungen zu reagieren. Sobald etwas in seinem Blickfeld auftaucht, beschäftigt sich das Gehirn sofort mit einer Lösung, einer Optimierung oder ganzheitlichen Auswertung. Der rechtshirndominante Büromensch fragt sich morgens nicht was soll, sondern was kann alles erledigt werden. Er ist sehr gut im Kontakt mit anderen und meist erlebt das Umfeld ihn als inspirierend und charismatisch.

Achten Sie auf diese Fallstricke: Der typische rechtshirndominante Mensch läuft Gefahr, sich zu verzetteln und Vorgänge nicht zu beenden. Auf Reize von außen reagiert er gern sofort. Die ursprüngliche Aufgabe ist vergessen und gedanklich ist man sofort beim Gegenüber, der Mail, dem Anruf oder der neuen Aufgabe. Ohne Prüfen von Zuständigkeit, Priorität und den eigenen (zeitlichen) Möglichkeiten. Meist hapert es beim „Nein-Sagen" und die Gefühle stehen dem rechtshirndominanten Menschen oft im Wege. Typisch ist auch, dass er ein Menge Platz benötigt. Listen, Prioritäten, systematische Datenstruktur kann sich dieser Typ nur mit ganz viel Willenskraft aneignen. Sein Gehirn „tickt" anders als die typische Fachliteratur vorgibt und dauerhaft kann er so nicht arbeiten.

(Fast) ausgewogene Punkte
Das Gehirn ist generell sehr lern- und anpassungsfähig. Und je besser die beiden Gehirnhälften zusammenarbeiten, desto flexibler ist man bei der Büroarbeit. Wer von den Gehirnhälften eher ausgeglichen ist, profitiert davon, dass die besser geeignete Gehirnhälfte die anstehende Aufgabe löst und nicht die, die in der Schule „gedrillt" wurde. Dieser Typ kann aus allen Tipps in diesem Buch das für ihn Passende auswählen. Linkshirndominante Menschen werden viele meiner „☺-Tipps" in diesem Buch merkwürdig oder irritierend finden – der ausgewogene Typ könnte ebenso wie der rechtshirndominante Mensch gerade hier fündig werden. Wenn andere Dinge zu ver-

spielt und chaotisch wirken, protestiert wahrscheinlich die linke Gehirnhälfte und will mehr Struktur und Kontrolle. Dann konzentriert man sich auf die entsprechenden Tipps und geht systematisch vor. Der ausgewogene Gehirntyp kann sich am kompletten „Büfett" bedienen.

Erläuterung Arbeitsweise: Langstreckenläufer oder Sprinter?

Die bevorzugte Arbeitsweise bestimmt, wie jemand die gestellten Anforderungen erledigt. Keine Arbeitsweise ist besser, denn jede hat Vor- und Nachteile. Doch wenn man es schafft, seine tägliche Organisation der eigenen Arbeitsweise anzupassen, kann man viel Energie freisetzen, andernfalls führt dies zu Produktivitätsverlusten.

Die meisten Punkte bei „Langstreckenläufer"
Der typische Langstreckenläufer hat es in vielen Büros eher schwer. Denn ständige Unterbrechungen, schnelle Wechsel und permanentes schnelles Umschalten sind Alltag. Wenn der Langstreckenläufer so arbeiten muss, stresst ihn das mehr als den Sprinter.

So arbeiten Sie optimal: Der Langstreckenläufer sollte sich möglichst viel zusammenhängende Arbeitszeit ohne Unterbrechung und Störung schaffen. Zerstückelung sollte er vermeiden. Der Langstreckenläufer sollte sich feste Zeiten für Telefonate, Besprechungen und ähnlich planbare Dinge reservieren. Er sollte bei wichtigen Arbeiten das Telefon auf Anrufbeantworter oder Kollegen umleiten. Die eingegangenen Anrufe dann im Block zu erledigen, entspricht diesem Typ. Der Langstreckenläufer sollte in einer Aufgabenliste auch die geschätzten Bearbeitungszeiten vermerken und sich daran halten.

Achten Sie auf diese Fallstricke: Viele Langstreckenläufer haben eine Tendenz zum Perfektionismus. Dies kann kontraproduktiv sein. Er kann sich neben die Tagesplanung eine kleinen Erinnerung im Sinne von „Sind 80 Prozent hier ausreichend?" schreiben. Der Langstreckenläufer sollte sich vernünftige Zeitgrenzen setzen. Er muss lernen, eine Arbeit beiseitezulegen, wenn die Konzentration nachlässt, er nicht weiterkommt oder sich festbeißt. Dann sollte er zu anderen Aufgaben wechseln oder eine Pause einlegen. Sonst ist er zwar ausdauernd, aber unproduktiv.

Die meisten Punkte bei „Sprinter"

Der Sprinter sollte bei seiner Tagesplanung für einen Wechsel zwischen kurzen, konzentrierten Arbeitseinheiten und Besprechungen, Telefonaten und Routinetätigkeiten sorgen. Der typische Sprinter ist bei Aufgaben mit Team- und Kundenkontakt ganz in seinem Element. Mit Unvorhergesehenem kommt er gut zurecht. Aber den ganzen Tag oder sogar zwei Tage an einer Präsentation arbeiten, ohne Telefon, Mails oder Gespräche mit Kollegen? Der Langstreckenläufer bekäme glänzende Augen, der Sprinter hat das Gefühl, „strafversetzt" zu sein.

So arbeiten Sie optimal: Der Sprinter sollte seine Planung auf „Abwechslung" setzen. Beispielsweise große und unübersichtliche Projekte in überschaubare Aufgaben zerlegen, die gut in die Tagesplanung eingebaut werden können. Der Sprinter muss rechtzeitig beginnen und ausreichend Pufferzeit einplanen. Er kann den besonderen Vorteil seines Arbeitsstils bewusst einsetzen, denn der Sprinter kann im wahrsten Sinne des Wortes jede freie Minute nutzen. Bei der Erledigung von Aufgaben heißt das aber auch: Früher anfangen, in mehreren Intervallen – durchaus über den Tag verteilt – mehrfach an einer längeren Aufgabe arbeiten.

Achten Sie auf diese Fallstricke: Der Sprinter läuft Gefahr, dass sich eine ganze Reihe unvollendeter Projekte ansammeln. Wenn man dazu tendiert, die Arbeit jeweils an einem schwierigen Punkt abzubrechen, sollte man den nächsten Schritt vorausdenken und einige Stichworte dazu notieren. Das erleichtert es dem Sprinter, die Arbeit später wieder aufzunehmen.

(Fast) ausgewogene Punkte

Haben Sie darauf geachtet, dass Sie nicht das angelernte/erforderliche Vorgehen bewerten? Ein „Mischtyp" kann aus einem großen Fundus in diesem Buch auswählen. Er kann sich aus der Beschreibung vom Langstreckenläufer und Sprinter das für ihn Passende heraussuchen. In den entsprechenden Buchkapiteln kann er wiederum auswählen, was ihm besonders zusagt. Er kann sich selbst beobachten und entsprechend reagieren, beispielsweise: Wenn er bei einer Aufgabe gelangweilt ist (das beträfe den Sprinteranteil), dann kann der ausgewogene Typ bewusst zu einer anderen Arbeitsform wechseln. Wenn der ausgewogene Typ beispielsweise gereizt und konfus wird, kann er entweder die Störungen ausschalten oder akzeptieren, dass diese anspruchsvolle Aufgabe auf ruhigere Zeiten verschoben werden muss.

Erläuterung Arbeitsumgebung: stationär, mobil oder to go?

In meiner Praxis als Trainerin habe ich ein Konzept entwickelt, das je nach Arbeitsumfeld eher den „stationären Typ", den „mobilen Typ" und den „to go-Typ" beschreibt. Die Bezeichnungen verdeutlichen den Grad der Mobilität. Denn der Grad der Vorort-Präsenz oder Mobilität bestimmt, welche Büro-, Kommunikations- und Technikausstattung erforderlich ist, damit man produktiv arbeiten kann.

Die meisten Punkte bei „stationär"
Beim stationären Typ besteht der Job hauptsächlich aus Sachbearbeitung, Entwicklung, Sekretariat oder ähnlichen Tätigkeiten. Es sind keine oder nur wenige Außentermine wahrzunehmen.

So arbeiten Sie optimal: Wie im Fragebogen schon deutlich wurde, dies sind die Stichworte des stationären Typs: PC, (Festnetz-)Telefon, Terminkalender ist nicht zwingend erforderlich oder aus Papier, elektronischer Kalender für Teamarbeit, Internet (Kabel oder W-LAN), E-Mail (Postfach mit zum Beispiel MS Outlook oder Lotus Notes). Der stationäre Typ benötigt Zugriff auf elektronische Daten (PC oder Firmenserver), wichtig ist die Schnelligkeit beim Datentransfer. Der stationäre Typ arbeitet meist mit viel Papier und benötigt eine möglichst identische Abbildung von Papier- und elektronischen Unterlagen. Dieser Typ ist fast immer erreichbar und hat Zugriff auf alle Daten und Papierunterlagen.

Achten Sie auf diese Fallstricke: Der stationäre Typ muss Entwicklungen wie Smartphones, Cloud Computing und Videokonferenzen erst einmal nicht mitmachen. Denn aus seinem direkten Arbeitsgebiet ergeben sich wenige Möglichkeiten der Nutzung. Doch er sollte nicht den Anschluss verlieren und nicht technikängstlich werden, denn die technische Entwicklung geht für alle in diese Richtung. Wer Vorgesetzte oder Kolleginnen und Kollegen hat, die mobile Techniken aufgrund ihrer Tätigkeit nutzen, sollte sich damit auseinandersetzen.

Die meisten Punkte bei „mobil"

Der mobile Typ arbeitet ebenfalls viel im Büro, aber auch von unterwegs. Externe Besprechungen, Arbeitsgruppen oder Kundentermine oder auch das Home-Office führen dazu, dass für ihn die Büroausstattung wie für den stationären Arbeitstyp oft nicht ausreicht. Bei einer Hotelübernachtung wäre es beispielsweise gut, abends die E-Mails checken oder ein Angebot überarbeiten zu können.

So arbeiten Sie optimal: Aus dem Test sind die wesentlichen Stichpunkte für den mobilen Typ: Notebook, eventuell einen Büro-PC (dann muss der Datenabgleich klappen), Handy, elektronischer Terminkalender, eventuell einen PDA oder ein Smartphone, wenn der mobile Typ auch tagsüber Termine mit dem Büro synchronisieren und den Überblick über seine Mails behalten muss. Eventuell reicht es, sich beim Kunden oder im Hotel ins Internet einzuwählen. Wenn der mobile Typ nicht nur auf die Daten seines Notebooks zugreifen muss, sondern auch auf die Firmendaten (beispielsweise von zu Hause aus), benötigt er externen Zugang auf den Server.

Achten Sie auf diese Fallstricke: Dem mobilen Arbeitstypen kann es passieren, dass er noch mobiler werden muss und hier den technischen Anschluss verpasst. Vielleicht ist bislang ein normales Handy in Kombination mit einem Outlook- oder Lotuskalender auf dem Notebook ausreichend gewesen. Doch schnell können Anforderungen so sein, dass die bisherige Ausstattung nicht genügt und das Arbeiten umständlich wird. Andererseits liegt auch eine Gefahr darin, sich mit modernster, aber nicht genutzter Technik unnötig auszustatten. Überprüfen Sie regelmäßig, welche Anwendungen Sie wirklich brauchen.

Die meisten Punkte bei „to go"
Der to go-Typ ist häufig als Beraterin, Außendienstmitarbeiter oder als Führungskraft unterwegs, eventuell sogar tagelang beim Kunden. Der to go-Typ benötigt eine möglichst gleichbleibende Büroumgebung. Dazu einen automatischen Abgleich aller mobilen Geräte, unabhängig davon, ob er im Büro, vor Ort beim Kunden, im Zug oder zu Hause arbeitet. Alle Varianten müssen mobil und plattformunabhängig sein. Denn diesem Typen nutzen Daten auf dem PC zu Hause oder Mails im Outlook-Postfach im Büro gar nichts, wenn er unterwegs ein Angebot erstellen will. Und wenn man dann noch zu einem virtuellen Projektteam gehört, dessen Mitglieder überall verstreut arbeiten, ist man endgültig bei „to go" angekommen. Die Heimat ist dann das virtuelle Büro. Mit Cloud Computing (virtueller Speicherplatz für Daten, Kalender, Anwendungen, Datenbanken etc.) ist der to go-Typ oft erst wirklich arbeitsfähig.

So arbeiten Sie optimal: Die Stichworte aus dem Test wissen Sie sicher noch: mobiles Notebook mit dem Jederzeit-Zugang zum Internet ist die Basis. Das Notebook braucht nicht zwingend eine große Festplatte, denn die Firmendaten sind auf einem Speicherplatz im Internet. Der Kalender ist online, gewährt Teammitgliedern den Zugriff und gleicht mit mobilen Geräten ab. Der Teamkalender, die Aufgabenliste, ebenso Daten, Informationen, Anwendungen, Projektsoftware für virtuelle Teams – alles befindet sich im Cloud (was übersetzt

Wolke heißt). So hat der to go-Typ jederzeit Zugang zu allen Daten, überall einen identischen Datenstand und dadurch eine gleichbleibende Büroumgebung.

Achten Sie auf diese Fallstricke: Im Cloud arbeiten heißt derzeit immer noch: Lange Ladezeiten (jeder Rechner und jedes Firmennetz ist um etliches schneller), gewohnte Softwareumgebungen laufen noch nicht so komfortabel wie mit der lokalen Anwendung. Das Internet hat 24 Stunden am Tag geöffnet. Dieser Typ sollte darauf achten, dass diese Permanent-Präsenz nicht auf ihn abfärbt. Ständiges Checken der E-Mails und Rund-um-die-Uhr-Erreichbarkeit über das Handy sind gerade beim to go-Typ die größte Gefahr.

Wie arbeiten Sie am besten mit meinem Buch?

Meine Erfahrung als Trainerin und Coach ist: Je nach Gehirndominanz und Arbeitstyp werden Sie einige meiner Vorschläge in diesem Buch gut annehmen können, während Sie andere als verwirrend empfinden könnten. Die Nutzung des Gehirns ist entscheidend für eine bestimmte Vorgehensweise. Und deshalb funktioniert unter Umständen ein Vorschlag von mir aus genau diesem Grund bei Ihnen nicht. Denn geschrieben habe ich es nicht für bestimmte Typen, sondern um möglichst vielen Typen eine große Auswahl zu bieten.

Mein allerwichtigster Tipp in diesem Buch für Sie:

Wenn Sie an eine Passage kommen, bei der Sie Gedanken haben wie „Was ist das denn?" oder „Was will die Autorin damit sagen?" – dann überfliegen Sie die Passage bitte, stellen sich die Frage „Was möchte ich für mich erreichen?" ...und steigen an geeigneter Stelle wieder in den Text ein.

Jetzt sind Sie dran: Bürotypen

Welche Informationen waren neu und lohnenswert für Sie? Beim ersten Lesen entstehen oft gute Ideen und sie sind das wichtigste Geschenk, das Sie sich beim Bearbeiten eines Fachbuches selbst machen können. Vielleicht richten Sie sich eine Unterlage oder eine Datei auf dem Rechner ein, in der Sie Ihre Einfälle zu diesem Buch festhalten. So wird aus einem gedachten „Aha, interessant" schnell ein: „Was mache ich mit meiner Erkenntnis?" Und daraus entsteht ein konkretes „Wenn ich diese Anregung umsetzen will, muss ich die folgenden Schritte unternehmen ...".

Zusammenfassung für eilige Leser

1. Die Berufsgruppe und die Tätigkeit bedingen in hohem Maße die organisatorischen, technischen und räumlichen Erfordernisse.
2. Die Faktoren „Gehirndominanz" und „Arbeitsweise" bestimmen die persönlichen Fähigkeiten und Eigenschaften, mit denen Sie Aufgaben im Büro erledigen.
3. Der Bürotest hilft bei der Einschätzung, ob Sie eher linkshirndominant, rechtshirndominant oder ein ausgeglichener Typ sind und ob Sie von der Arbeitsweise her ein Sprinter oder ein Langstreckenläufer sind.
4. Äußere Bedingungen bezeichne ich als den Faktor Arbeitsumgebung. Im Bürotest finden Sie heraus, ob Sie eher der stationäre, der mobile oder der to go-Typ sind.
5. Aus diesen drei Faktoren ergeben sich bevorzugte und geeignete Arbeitsweisen in der Büroorganisation.

3.
Aufräumen mit System – So schaffen Sie Ordnung auf dem Schreibtisch und im Kopf!

Albert Einstein wird gern zitiert mit seiner Aussage *„Ordnung braucht nur der Dumme, das Genie beherrscht das Chaos"*. Beliebt ist auch die Aussage „Ich brauche eine gewisse Unordnung, sonst kann ich nicht arbeiten". Ich will Sie an dieser Stelle gar nicht mit Hinweisen zur Zeitersparnis und Effektivität behelligen. Das haben Sie sicher schon x-mal gehört und es hat Sie bislang nicht überzeugt. Stattdessen behaupte ich, dass Ordnung etwas Individuelles ist. Und bevor wir uns über Ihr „Individuelles" und meine Vorstellung von Ordnung im Büro streiten, lassen Sie mich Ihnen zwei Fragen stellen:

1. Schauen Sie sich mit den Augen eines Besuchers um: Könnte Ihr wichtigster oder pingeligster Kunde jetzt und ohne Vorankündigung in Ihr Büro kommen? Und würde er Ihr Kunde bleiben?
2. Schließen Sie die Augen und lassen Sie die Augen zu! Könnten Sie einem Kollegen jetzt zügig und detailliert sagen, wo er bei Ihnen was findet?

Auswertung: Wenn Sie beide Fragen (ehrlich) mit „ja" beantwortet haben, ist alles in Ordnung. Vielleicht stöbern Sie trotzdem in diesem Kapitel und entdecken noch einige Anregungen, die Ihnen das Büroleben erleichtern.
Ihr Ergebnis lautet „Nein, mein Kunde dürfte das Chaos hier nicht sehen"? Dann wäre Ihr Thema das Aufräumen.

Zu Frage 2: Ihre Ansagen wären eher nebulöse Beschreibungen und Vermutungen? Dann fehlt Ihnen wahrscheinlich eine Ordnungsstruktur.

Sie haben zwei Mal mit „Nein" geantwortet? Dann empfehle ich das Komplettprogramm:

1. aufräumen und
2. eine individuelle, für Sie nützliche Ordnung schaffen.

Sie fragen sich jetzt vielleicht, wie Sie vorgehen können.
Suchen Sie sich in diesem Kapitel das, was für Sie als Typ
und in Ihrem Arbeitsfeld sinnvoll ist. Doch bevor es losgeht,
habe ich noch eine Info für Sie. Menschen, die ganz automatisch gut Ordnung halten können, empfinden oft bereits beim
Aufräumen ein Gefühl der Befriedigung. Sie freuen sich, wie
„schön" hinterher alles ist. Für Menschen, die sich eher als
unordentlich wahrnehmen, ist Aufräumen so anstrengend wie
das Ersteigen des Mount Everest. Ordnung wird als künstlich
und fremd empfunden. Wenn Sie in Ihrem Büro dauerhaft eine
gewisse Ordnung erreichen wollen, sollten Sie sich sanft um-
erziehen.

 Tipp

Sorgen Sie dafür, dass das Aufräumen leicht wird. Belohnen Sie
sich. Legen Sie vor dem Start Ihre Belohnung fest. Das kann eine
Massage sein oder 30 Minuten im Internet „sinnfrei" herumsurfen.
Oder Sie schaffen sich ein Ritual, beispielsweise mit Musik oder
Duft zu starten. Oder machen Sie ein Spiel aus dem Aufräumen:
Schätzen Sie die Dauer für eine Aufräumaktion und versuchen Sie,
diese Zeit „sportlich" zu unterbieten. Sie können sich auch einen
inneren „Controller" oder „Qualitätsbeauftragten" vorstellen. Der
darf Sie herumkommandieren und mit dem Finger über die Fußleis-
ten streichen. Haben Sie Spaß dabei!

Sind Sie bereit? Dann starten Sie mit der Schnell-Inventur.

Nutzen Sie das Ampelprinzip zur Schnell-Inventur

Für den ersten Überblick kreuzen Sie bitte an: grün = alles okay, gelb = da muss ich ran, rot = hier muss dringend etwas passieren. Vergeben Sie abschließend die Reihenfolge, in der Sie aufräumen werden.

Bereich	grün	gelb	rot	Reihenfolge
Schreibtisch				
Schubladen				
Schränke, Sideboards				
Regale				
Pinnwände, Leisten, Wände				
Ablagekörbe				
Hängeregister				
Stapel				
Ordner				
Ordnerinhalte				
Bücher, CDs				
Kabel, PC-Zubehör				
PC-Datenablage				
Fußboden				
Fensterbänke				
Kaffeeküche				
Blumen, Dekoratives				
Wartebereich				
Mitarbeiterbereich				
Sonstiges (bitte ergänzen)				

Wie Sie einfach und effektiv Ordnung schaffen

Zwischen Ordnen und Aufräumen gibt es einen grundlegenden Unterschied: Beim Ordnen brauchen Sie Dinge nur sauber und zweckmäßig anzuordnen. Aufräumen heißt ordnen und Überflüssiges wegwerfen. Ich empfehle Ihnen zum Aufräumen die Kombination aus Holzfäller- und Kleeblattmethode (gleich mehr dazu). Planen Sie die Aufräumaktion je nach Ihren zeitlichen Möglichkeiten:

1. Komplettes Wochenende oder freie Tage reservieren, alles vollständig aufräumen und in eine optimale Ordnung bringen.
2. Ab und zu im laufenden Betrieb Veränderungen durchführen. Am besten reservieren Sie dazu feste Zeiten, beispielsweise 30 Minuten täglich.
3. Längere Zeit freiplanen (beispielsweise einen halben Tag) für die Grundordnung plus Reste nach dem Prinzip „Jeden Tag ein bisschen" (zum Beispiel 30 Minuten täglich), bis Sie einen guten Status erreicht haben.

Aufräumen – so funktioniert es wirklich. Nachdem Sie die kommenden Abschnitte gelesen haben, kennen Sie die Geheimnisse erfolgreicher Ordnung, die Ihnen Übersicht und Zeit für das Wesentliche einbringt. Der Vorteil liegt in der Kombination der beiden Tipps: Der Holzfäller erinnert Sie daran, dass man einen Wald nicht an einem Stück angeht, sondern Baum für Baum sichtet und dann mit dem Fällen beginnt. Statt „Man müsste mal die Ablage komplett neu ordnen" sagen Sie sich: „Ich mache heute eine Übersicht über die verschiedenen Bereiche wie Angebote, Rechnungen, Personal, Werbung und morgen lege ich den ersten neuen Ordner an." Statt „Ich schaffe erstmal überall eine grobe Ordnung" sagen Sie sich „Ich räume heute nur die unterste Schublade aus – aber das perfekt" oder „Ich räume heute nur das Postfach auf – aber das perfekt." Machen Sie es wie Holzfäller: Markieren Sie Ihren Baum und bearbeiten Sie ihn komplett bis zum Stumpf. Erst dann kommt der nächste Baum dran. Das Kleeblatt bietet Ihnen das Schema, nach dem Sie jedes Mal vorgehen: alles raus, saubermachen, Überflüssiges weg, übrigen Dingen einen festen Platz geben.

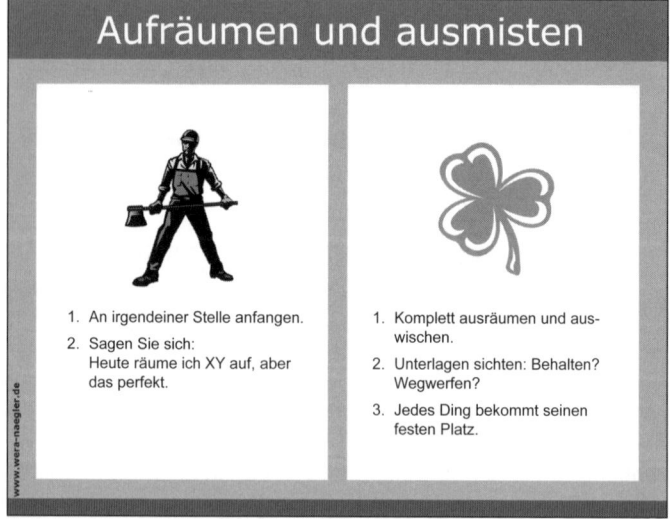

Abbildung 2: Aufräumen und ausmisten

Weg mit den Papierstapeln. Sie haben Papierstapel? Dann sortieren Sie und bilden Sie ein letztes Mal Stapel. Und zwar nach der Kleeblattmethode Punkt 2: Sortieren Sie nach „wegwerfen" oder „behalten". Und beim „Behalten" treffen Sie mit den Punkten „Aktuelles", „Info" oder „Ablage" bereits eine Vorsortierung, damit Sie später eine optimale Büroordnung einrichten können:

Stapel	Enthält zum Beispiel diese Unterlagen	✓
1. Wegwerfen		
Papierkorb Reißwolf	„Und tschüss!" sagen Sie zu Werbung, abgelaufenen Einladungen, erledigten Vorgängen (Aufbewahrungsfristen beachten), veralteten Informationen, Ideen (die Sie nicht umsetzen wollen), Notizen (die veraltet, unnötig und ohne Zusatznutzen sind), Unterlagen, die Sie aus Datenschutzgründen nicht aufbewahren dürfen (ab damit in den Reißwolf) ...	
2. Behalten		
Aktuelles	Auf diesen Stapel kommen zu erledigende Aufgaben, Schriftverkehr, Projektunterlagen, Angebote, Terminunterlagen, Notizen, Ideen ...	
Info	Hier sind Unterlagen zum Nachschlagen wie Gesetzestexte, Budgetplanung, Ablaufpläne, Hintergrundinformationen, Fachartikel, Kataloge ...	
Ablage/ Archiv	Das sind abgeschlossene Projekte, Verträge, Rechnungen, Steuerunterlagen ...	

Jetzt haben Sie thematisch sortierte, jedoch in sich noch immer ungeordnete Stapel. In späteren Abschnitten erfahren Sie, wie Sie mit Ihren aktuellen Aufgaben umgehen, wie mit Ablagen, Informationen und Lesematerial. Schauen wir uns in diesem Kapitel jedoch weiter das Thema Aufräumen und Ordnung Schaffen an.

Fundgrube – so ordnen Sie typgerecht im laufenden Betrieb

Sprinter

Planen Sie wechselnde Tätigkeiten, zum Beispiel eine Schublade ausräumen, dann einen Ordner sichten und neu strukturieren, eventuell zwei kurze Telefonate erledigen, dann einen PC-Ordner neu sortieren. Danach haben Sie sich ein kurzes Gespräch mit einem Kollegen verdient.

Langstreckenläufer

Legen Sie gleiche Tätigkeiten zusammen, beispielsweise alle Schubladen im Rollcontainer nacheinander aufräumen, dann die Postecke neu strukturieren.

Linkshirndominant

Führen Sie eine detaillierte Bestandsaufnahme in Form einer Checkliste. Kalkulieren Sie den Zeitbedarf, legen Sie die Reihenfolge fest und terminieren Sie alles. Dann abarbeiten.

Rechtshirndominant

Für Sie habe ich noch einen Extratipp: Markieren Sie mit roten Klebepunkten oder pinkfarbenen Post-its besondere Schlachtfelder und gelb für „geht schnell". Einfach auf die Schublade oder den Ordner kleben. Wann immer Sie Zeit und Lust haben, fangen Sie irgendwo an – aber erst, wenn Ihre „lebenswichtigen" Büroaufgaben erledigt sind!

Kundenbesuch – so täuschen Sie Ordnung vor. „Guten Tag, Herr Meier, ich bin gerade in der Nähe und dachte, ich komme mal kurz vorbei, passt es Ihnen in zehn Minuten?" Solch ein Anruf treibt Ihnen Schweißperlen auf die Stirn? Natürlich können Sie zu Ihrem Chaos und der Unordnung stehen. Irgendwie ist das doch peinlich? Dann muss ein Notfallplan her, damit Sie die Zeit gut nutzen. Schauen Sie sich mein Kurzvideo an unter *www.youtube.com/watch?v=mC8h9faS4n0* – und hier die Schritte in der Kurzübersicht:

1. Lüften
2. Fußboden frei von allem machen
3. Herumstehendes einsammeln
4. Besuchertisch aufräumen und abwischen
5. Schreibtisch aufräumen und abwischen
6. Stapel weg oder exakt anordnen
7. offener Küchenbereich: alles weg und abwischen
8. Gäste-WC checken
9. Fenster zu, Kaffeemaschine starten, Luft holen und entspanntes Begrüßungslächeln hervorlocken

Was ist wo im Büro?

Unabhängig davon, wie groß oder klein Ihr Büro ist, ob Sie allein oder zu mehreren das Büro teilen, ob Sie pingelig oder unordentlich sind: Es gibt ein ganz einfaches System, was wo im Büro seinen festen Platz finden sollte. Es ist das Prinzip der Reichweite und in diesem Abschnitt erfahren Sie alles über das Reichweitenprinzip und wie Sie es anwenden.

1. Alles, was häufig gebraucht wird, hat den schnellsten und direktesten Zugriff.
2. Was weniger häufig eingesetzt wird, ist weiter weg angeordnet oder untergebracht.

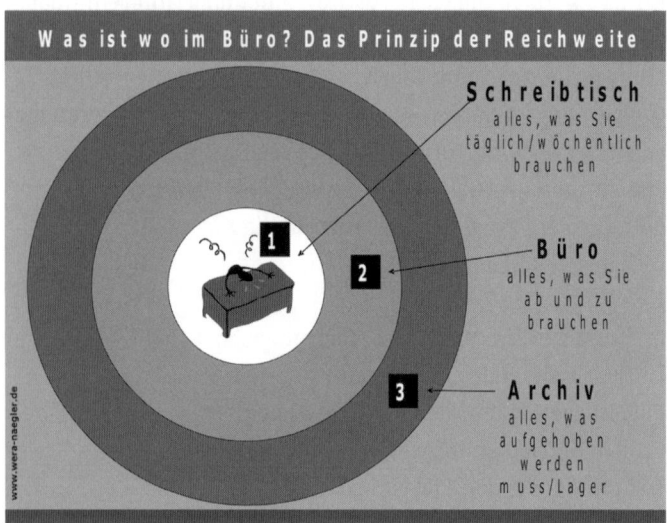

Abbildung 3: Was ist wo im Büro?

Sie fragen sich jetzt vielleicht, worin der Vorteil dieses Systems liegt. Wenn Sie sich an dieses System halten, brauchen Sie nicht jedes Mal neu zu entscheiden, wo etwas seinen Platz hat. Die Ablage braucht man selten täglich, deshalb wird sie eher in Zone 2 angeordnet. Das Archiv kann sogar außerhalb des Büros (Zone 3) angesiedelt sein. Wenn kaum benötigte Dinge Ihrem direkten Zugriff entzogen sind, können Sie Ihr Augenmerk besser auf die aktuellen Aufgaben richten.

So gelingt die Schreibtisch-Ordnung

Eine gute Schreibtisch-Ordnung führt dazu, dass Sie sich ganz selbstverständlich auf die Dinge konzentrieren können, die wichtig sind. Alles, was ablenkt, hat auf dem Schreibtisch nichts zu suchen. Als ich eine Freundin in Ihrem Büro besuchte, fiel mir auf, dass Sie einen leckeren Salat, eine Gabel und eine Flasche Saft hübsch angeordnet auf Ihrem Schreibtisch stehen hatte. Es war halb neun. Sie hatte mir vorher gesagt, sie fände auf Ihrem Schreibtisch keinen Platz für einen „Heute-erledigen-Korb". Für mich gehören die leckeren Essenssachen in ein separates Fach oder in die Küche. Und der „Heute-Korb" gehört auf den Schreibtisch.

Oft sehe ich in meinen Coachings auch Schreibtische, auf denen alles Mögliche an Dingen zu sehen ist: alte Sachen, kaputte Gegenstände, der x-te Kugelschreiber, die Reservemaus, Brillenputztücher, Installations-CDs von 1998, ausgetrocknete Tuben, ein Flaschenöffner. Dazu gesellen sich Mappen, aufgeschlagene Ordner, Nachschlagewerke, Post-its, Notizzettel, Zeitungen und Telefonzettel, die bereits vergilben. Eine DIN A4-große Fläche in der Mitte ist frei.

Kennen Sie diese drei Zeitzonen? Es gibt für Unterlagen genau drei Zeitzonen in Ihrem Büro.

1. Vergangenheit: Aufgaben, die erledigt und abgeschlossen sind. Das ist die Ablage.
2. Zukunft: Aufgaben, die morgen oder nächste Woche zu erledigen sind. Das sind Aufgaben oder Vorgänge; von vielen als „Wiedervorlage" bezeichnet.

3. Gegenwart: Aufgaben, die heute, an diesem Tag, zu erledigen sind. Das sind Ihre aktuellen Aufgaben, auf die Sie heute Ihr Augenmerk richten sollten.

Nur letztgenannte Aufgaben gehören direkt auf den Schreibtisch. Ablage und Vorgänge haben auf dem Schreibtisch nichts zu suchen. Zu erledigen haben Sie die Aufgaben der Gegenwart. Wo und wie Sie diese unterschiedlichen Unterlagen bearbeiten, dazu mehr an anderer Stelle. Auch wenn es Ihnen jetzt noch nicht bewusst ist, entscheiden manche Grundsätze über Erfolg oder Nicht-Erfolg in der Büroorganisation.

Prinzip	Das bedeutet ...	Ist bei mir so	Will ich!
Der Schreibtisch ist „heilig".	Der Schreibtisch ist Ihre Arbeitsfläche. Es ist kein Archiv, keine Zwischenablage, keine Sammelstelle für Aufgaben und Zettel, die in den nächsten Wochen zu erledigen ist. Vor Ihnen sind lediglich aktuelle Aufgaben. Dazu wichtige Hilfsmittel wie Telefon, Stift, Block. Wenn oft benötigt, finden Locher und Hefter hier Platz. Eventuell ein schöner Gegenstand, dazu ein „heute-Korb" mit den Tagesaufgaben.		
Unterlagen sind in Hängemappen oder Postkörben.	Alles hat einen festen Platz. In den Ablagekörben oder Hängeordnern legen Sie die Dokumente ab, die Sie benötigen. Das sind aktuelle Aufgaben, Unterlagen, Informationen. Und schon sieht es bei Ihnen aus wie bei einem Menschen, der alles im Griff hat.		
Ausreichend Stauraum ist nah beim Schreibtisch.	Da Ihr Schreibtisch die Arbeits- und nicht Ablagefläche ist, müssen Ihre weiteren Arbeitsmittel natürlich einen Platz erhalten. In schreibtischnahen Regalen oder Sideboards bewahren Sie Dinge wie Wiedervorlagemappen, Pultordner, Mappen für die tägliche Routine, Nachschlagewerke und Adresslisten auf.		

Der Drucker kann weiter weg stehen.	Was ist mit Bürogeräten wie Fax, Drucker und Kopierer? Diese Geräte sollten in Ihrem Büro stehen, müssen aber nicht schreibtischnah aufgestellt sein. Damit punkten Sie in Bezug auf Lärmbelästigung, Abluft und Tonerstaub. Der kleine Weg dorthin bringt Abwechslung zum „Dauersitzen im Büro".		
Die Ablage muss nicht in Reichweite sein.	Wohin mit den Ordnern oder Stehsammlern der Ablage, dem Büromaterial, mit Zeitschriften oder Büchern? Alles, was Sie seltener benötigen, gehört in die schreibtischfernen Regale oder Schränke.		

Ordnung ist nicht nur eine Form der Ästhetik. Wenn man mitten in einer Aufgabe ist, kann das auf Außenstehende durchaus chaotisch wirken, was es aber nicht sein muss. Schließlich ist Ihr Schreibtisch ein Arbeitsplatz und kein Museum. Doch selbst für die sogenannten Chaoten gilt: Wenn auf Ihrem Schreibtisch zu viele Dinge stehen, schadet das der Konzentration. Wenn eine Aufgabe beendet oder unterbrochen wird, sollten Sie sofort Ordnung schaffen. Ihr Schreibtisch sollte eine aufgeräumte, geordnete Arbeitsplattform darstellen.

Meine Konsequenz – was müsste passieren, damit sich etwas ändert?

Das Prinzip der Reichweite beim Schreibtisch. Was Sie häufig benötigen, sollte in bequemer Reichweite sein. Alles, was Sie selten benötigen, kann in Schubladen, Schränken oder Regalen untergebracht werden. Die Rechenmaschine, die nur bei der Monatsabrechnung gebraucht wird, hat auf dem Schreibtisch nichts zu suchen. Sicher werden Sie Stifte in bequemer Reichweite anordnen wollen. Ein Kugelschreiber reicht, die Ersatzstifte kommen in die Schublade oder in das Fach für Büromaterial. Die Schere, die Sie fast nie benötigen, kommt in eine Schublade. Sie wird herausgenommen und nach Gebrauch wieder weggelegt. Gewöhnen Sie sich konsequent an, Dinge nach Gebrauch an ihren Platz zurückzulegen.

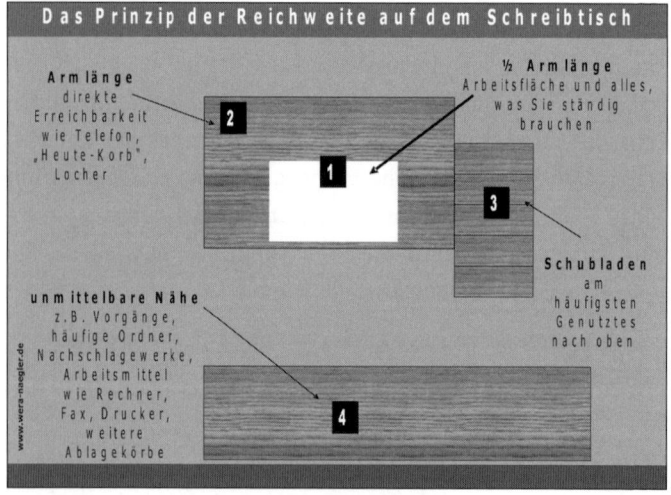

Abbildung 4: Das Prinzip der Reichweite auf dem Schreibtisch

Hier sind weitere Anregungen für Sie. Können Sie sich besser organisieren?

- Das Telefon steht gegenüber Ihrer Schreibhand.
- Stifte sind in einem aufrechten Stiftbecher untergebracht. Schalen nehmen zu viel Platz weg und die Stifte verrutschen, wenn man einen herausnehmen will.
- Schaffen Sie Themeninseln, beispielsweise: Telefon – Block – Kugelschreiber, Locher – Tesaabroller – Hefter, Handy – PDA – Schlüssel, USB-Hub – externe Festplatte – USB-Sticks.
- Wenn Sie etwas benutzt haben, kommt es sofort wieder an seinen festen Platz.

Ordnung für Eilige und Intuitive. Manchmal sagt mir jemand, dass ihm das Überlegen, was auf den Schreibtisch darf und was nicht darf viel zu kompliziert und umständlich sei. „Was weiß ich denn, wie oft ich den Taschenrechner brauche, er liegt eben da!", wird zuweilen gebrummt. Diesen Menschen und Ihnen, wenn es Ihnen jetzt ähnlich geht, empfehle ich: Vergessen Sie alles, was Sie gerade gelesen haben und probieren Sie das folgende Vorgehen aus.

1. Nehmen Sie sich einen Karton und legen Sie alle mobilen Arbeitsmittel, die sich normalerweise auf Ihrem Schreibtisch befinden, dort hinein. Arbeiten Sie nun ganz normal weiter.
2. Wann immer Sie ein Arbeitsmittel, beispielsweise einen Stift oder den Locher, erstmalig benutzen, lassen Sie es nach Gebrauch auf Ihrem Schreibtisch liegen. Das gilt für Arbeitsmittel, die Sie aus dem Karton holen. Genauso für alles, was Sie aus den Schubladen oder Regalen rund um Ihren Schreibtisch nehmen.

3. Abends ist Sichtung: Vor Ihnen liegen alle heute verwendeten Gegenstände. Und im Karton befindet sich all das, was für diesen Arbeitstag unnötig war.

4. Finden Sie nun für alles, was heute zum Einsatz kam, einen sinnvollen und festen Platz auf Ihrem Schreibtisch. Den Arbeitsmitteln aus dem Karton weisen Sie weiter entfernte Plätze zu.

Tipp

Werden Sie Ihr eigener Architekt. Skizzieren Sie Ihr Büro und zeichnen Sie ein, was wo hinkommt. Sie brauchen keine großen Zeichenkünste, denn mit Vierecken und Kreisen werden Sie das meiste gut darstellen. Skizzieren Sie, beispielsweise: das Telefon links, Stiftehalter + Notizblock rechts, auf das Sideboard hinter Ihnen Postkörbe, Stehsammler sowie Vierecke mit der Beschriftung Fax und Drucker. Wo ist der Bildschirm optimal platziert, wohin kommt Ihr „Heute-Korb"? Machen Sie die Planung und räumen Sie dann um.

Schubladen optimal nutzen. Wenn Locher, Hefter & Co. nicht so häufig benutzt werden, gehören sie statt auf den Schreibtisch in die Schubladen. Weitere Utensilien, die auf dem Schreibtisch nichts zu suchen haben bzw. deren Standort überprüft werden sollte: Taschenrechner, Stempel, Kosmetikartikel, Tempotücher etc. Die meisten Schreibtische und Rollcontainer haben mehrere Schubladen. Da verliert man unter Umständen schnell die **Übersicht.** Was ist in welcher Schublade? Das führt dazu, dass die Versuchung groß ist, alles doch wieder gut sichtbar auf den nun aufgeräumten Schreibtisch zu stellen. Und schon wird der wieder voller und unübersichtlicher und lenkt Sie vom Wesentlichen ab. Beschriften Sie deshalb alle Schubladen eindeutig. Das hat zwei Vorteile: Schnelligkeit für Sie, denn Ihr Gehirn kann schneller lesen als sich erinnern. Eindeutigkeit für Kollegen und Urlaubsvertretungen.

Schubladen schnell und einfach ordnen. Wenden Sie das Prinzip der Reichweite auch für Ihre Schubladen an: Was ich oft brauche, kommt in die obersten Schubladen. In der Schublade selbst ist das meistgenutzte vorne. Auf keinen Fall gehören Schriftstücke und Unterlagen in Schubladen. Meist lässt sich in einer Schublade nur dauerhaft Ordnung halten, wenn Sie sie unterteilen. Setzen Sie dazu Schachteln, Sortierkästen und Trennelemente ein. Dies verhindert, dass alles durcheinander rutscht.

Ordnungskniff: Themeninseln schaffen. Kinder können besser aufräumen, wenn in eine Kiste die Autos, in eine andere Box die Legosteine und in eine dritte die Malsachen kommen. Und wenn dann noch Abbildungen des Inhalts drauf sind, klappt es auch. Halten Sie es genauso: Schaffen Sie Themeninseln und beschriften Sie die Schubladen. Wie das aussehen kann? Beispielsweise so:

Themeninsel	Hierhin gehören zum Beispiel	✓
Schublade Bürohelfer	Locher, Tacker, Tesaabroller, Klebestift, Schere, Cutter, Brieföffner, Stempel …	
Schublade Hüllen	Klarsichthüllen, Mappen …	
Schublade Post	Briefmarken, Umschläge, Briefwaage, Kurzmitteilungen für handschriftliche Ergänzungen, Portoinfo …	
Schublade Technik	USB-Sticks, Digitalkamera, Akkus, Ladegerät …	
Schublade Rechner	Taschenrechner, Rechenmaschine, Stempel „gebucht" …	
Schublade Büromaterial	Tesaabroller, Stifte, Minen, Trennbögen, Hefter …	
Schublade privat	Tempotücher, Pflaster, Lippenstift, Reservemüsliriegel …	

Tipp

Gönnen Sie sich eine Krimskrams-Schublade. Das ist alles ganz fürchterlich ordentlich und entspricht Ihnen gar nicht? Dann erlauben Sie sich (vor allem als rechtshirndominanter Mensch) eine einzige echte und wahre Krimskrams-Schublade. Hier dürfen Sie nach Lust und Laune kramen und einfach nur reinschmeißen. Wenn Sie etwas suchen, schauen Sie in Ihre Krimskrams-Schublade. Und wenn Ihre Disziplin in Sachen Ordnung-halten-müssen an Ihre Grenzen stößt, erfreuen Sie sich an Ihrer Krimskrams-Schublade.

 # Jetzt sind Sie dran: Aufräumen und Ordnung mit System

Allein durch Lesen und Aha-Erlebnisse werden Sie keine dauerhafte Verbesserung erfahren. Werden Sie aktiv. Stellen Sie sich vor, Sie könnten Ihre Büroorganisation wirklich so verbessern, dass Sie entspannter, professioneller, effizienter oder effektiver arbeiten. Oder sich einfach nur besser fühlen. Überprüfen Sie für sich die Tipps dieses Kapitels und Ihre Ideen dazu. Suchen Sie sich die Punkte heraus, die Sie umsetzen wollen. Notieren Sie sich, wie die ersten drei Schritte dazu aussehen. Wann werden Sie Ihre Pläne umsetzen? Freuen Sie sich darauf, wichtige Schritte auf dem Weg zur besseren Büroorganisation zu machen.

Zusammenfassung für eilige Leser

1. Verschaffen Sie sich mit der Schnell-Inventur einen ersten Überblick über den Zustand Ihres Büros.
2. Statt „alles" niemals anzugehen, planen Sie wenige, kleine, aber realistische Aktionen.
3. Gehen Sie immer so vor: ausräumen, sauberwischen, ausmisten und sortieren, (neuen) festen Platz vergeben.
4. Reichweitenprinzip beachten: Je öfter etwas in Gebrauch ist, desto näher ist der feste Aufbewahrungsort.
5. Erlauben Sie sich eine Krimskrams-Schublade, wenn Sie die Ordnung damit besser durchhalten.
6. Die Antwort auf die Frage „Was kann ich tun, damit nicht wieder Chaos in meinem Büro entsteht?" lautet: Immer wieder aufräumen.

4.
So organisieren Sie Ihre Aufgaben clever

 In Büros sehe ich auf dem Schreibtisch oft solche Körbe wie auf dem Foto zu sehen. „Das sind meine Aufgaben", höre ich dann, „mein To-do-Korb, das, was ich heute zu tun habe." Doch sind das alles wirklich Aufgaben, die in solch einem Ablagekorb sind? Unterlagen und Aufgaben gehen per Post, Mail, Fax oder Telefon ein. Aus Besprechungen oder Gesprächen ergeben sich Aufgaben. Weitere Aufgaben fallen routinemäßig an. Das ist an jedem Arbeitsplatz anders. Was aber gleich ist, ist die grundsätzliche Betrachtung der so pauschal bezeichneten „Aufgaben".

Was sind Aufgaben? Das sind Aufträge, für deren Erfüllung eine Aktion erfolgen muss. Eine Aufgabe muss man beginnen, einen Schritt voranbringen oder erfolgreich abschließen.

Was sind (erst einmal) keine Aufgaben? Zeitungs- und Fachartikel, die Sie gelegentlich lesen möchten, die gute Idee, die Sie vielleicht gern einmal genauer anschauen, eigene Notizen. All das sind keine Aufgaben, weil nicht unmittelbar eine Aktion erfolgen soll.

Was passiert, wenn Sie mischen? Wenn Sie Lektüre, Ideen und Informationen zwischen Ihre Aufgaben mischen, verlieren Sie schnell den Überblick. Denn das Aufgabenfach wird künstlich aufgebläht – die „gefühlten" tausend Aufgaben. In diesem Kapitel geht es nur um tatsächliche Aufgaben. Alles zum Thema Lektüre, Infomaterial, Ideen und Notizen hat ein separates Kapitel in diesem Buch erhalten.

Doch wie sortieren Sie Ihre tatsächlichen Aufgaben? Wenn Sie weiterlesen, entdecken Sie viele verschiedene Möglichkeiten, wie Sie mit Aufgaben verfahren können und wie Sie die dazugehörenden Unterlagen immer im Griff haben.

Eingehende Post und Aufgaben sortieren: ein Beispiel

Stellen Sie sich bitte vor, Sie erhalten morgens einen Stapel aus rund dreißig Papierunterlagen und Briefen. So verfahren Sie damit.

Diese Unterlagen haben Sie als Beispiel erhalten		So verfahren Sie damit
Die ersten sechs Unterlagen sind Werbung, Kongress- und Fortbildungsangebote, die Sie nicht nutzen wollen.	→	**Wegwerfen**
Vier Briefe, die Sie zwar nicht beantworten, aber aufbewahren müssen.	→	**Ablage**
Zwei Fachartikel, die Sie gern irgendwann einmal lesen würden.	→	**Lesestation**
Drei Informationen, die Sie vielleicht zukünftig einmal nachschlagen wollen.	→	**Infothek**
Während eines Telefonats kommt Ihnen eine Idee und Sie notieren sich einige Stichworte dazu. Vielleicht beschäftigen Sie sich irgendwann nochmals damit.	→	**Ideenfach**
Dann gibt es drei Aufgaben, die Sie an einen Kollegen delegieren können. Sie notieren Termine und legen sie in Ihr Fach „delegieren".	→	**Delegieren**
Fünf Briefe folgen, wovon Sie für zwei Briefe handschriftliche Vermerke machen und sie zurückfaxen, einen Termin eintragen und zwei kurze Telefonate führen.	→	**Mit Sofort-Prinzip bearbeiten**

Zwei Unterlagen müssen heute im Laufe des Tages erledigt werden.	→	**Aufnehmen in die Tagesplanung**
Fünf Aufgaben sind zu bearbeiten, haben aber ungefähr eine Woche Zeit.	→	**Terminieren und zwischenlagern**

Alle erstgenannten Unterlagen sind keine Aufgaben, sondern werden in verschiedene Systeme überführt. In den entsprechenden Kapiteln beschreibe ich, wie Sie mit Notizen, Lesematerial, Ideen und Informationen weiterverfahren. In der Tabelle sind nur die letzten vier Bereiche Aufgaben, die Sie weiterverfolgen müssen. Sie können sie in vier Stapel aufteilen: „sofort erledigen", „delegieren", „später" und „heute". Geben Sie Aufgaben gemäß ihrer Bedeutung einen Stellenwert. Wenn Sie den Stellenwert und damit die Priorität nicht festlegen, kann es sein, dass Sie bis zum Feierabend die wichtigsten Aufgaben Ihres Arbeitsgebietes nicht erledigt haben.

Prioritäten sagen Ihnen, was für Sie wichtig ist. Priorität setzen Sie aufgrund von zwei Kriterien fest: 1. wichtig im Sinne von bedeutend, 2. dringend als Zeitfaktor. „Ich strebe an, das Wichtige vor dem Dringenden zu tun." Wenn Sie diese Formel beherzigen, haben Sie schon eine der wichtigsten Leitlinien im Büro berücksichtigt.

Priorität	Wann erledigen?	Beschreibung	Entschei-dungs-frage	Wichtig? Dringend?
Priorität A	Sofort	Für diese Auf-gaben werden Sie bezahlt, hiervon hängt der Erfolg des Geschäfts ab. Überlegen Sie, was passiert, wenn Sie diese Aufgabe heute nicht erledigen. Nichts? Dann ist es keine A-Auf-gabe.	Was **muss** getan werden?	Wichtig? = Ja Dringend? = Ja
Priorität B	Zeitnah, danach	Gut wäre es, diese Aufgaben heute zu schaffen. Sonst wird sie am folgenden Tag zur A-Priorität.	Was **soll** getan werden?	Wichtig? = Ja Dringend? = Nein
Priorität C	Später, ge-legentlich	Es handelt sich um Aufgaben, die Sie terminieren können, damit sie später erledigt werden.	Was **kann** getan werden?	Wichtig? = Nein Dringend? = Nein

Aus einer unwichtigen C-Aufgabe kann durch Termindruck ir-gendwann eine „getarnte" A- oder B-Aufgabe entstehen. Eine unwichtige C-Aufgabe wird durch wiederholtes Aufschieben wegen eines Termin plötzlich „dringend", aber niemals „wich-tig".

Farbsymbole statt A-B-C. Gerade den eher rechtshirndomi-nanten Büromenschen entspricht diese „A-B-C-Geschichte" oft nicht. Das einfachste Prinzip ist, allen A-Aufgaben einen roten Punkt aufzumalen oder rote Klebepunkte aufzukleben.

Und selbst, wenn Sie mit A-B-C oder 1-2-3 oder ↑ - | - ↓ sicher arbeiten, könnten farbige Klarsichthüllen auch Ihnen eine noch eindeutigere Übersicht geben. Dabei legen Sie für sich fest, dass Sie den Prioritäten entsprechend Ihre Aufgaben und Unterlagen in farbige Klarsichthüllen (oben und an der Seite offen) legen. Für die meisten Menschen ist dabei Rot die höchste Priorität. Also wichtig, dringend und unbedingt sofort/heute abarbeiten. Wenn Sie jedoch nur noch rote Klarsichthüllen verwenden, sollten Sie sich intensiv mit dem Prioritätensetzen beschäftigen. Blau oder Grün nutzen Sie für B-Aufgaben und Gelb für C-Aufgaben.

Bevor es um Details geht, sehen Sie hier die Systematik zur Einteilung von Aufgaben mit einer Kurzerläuterung.

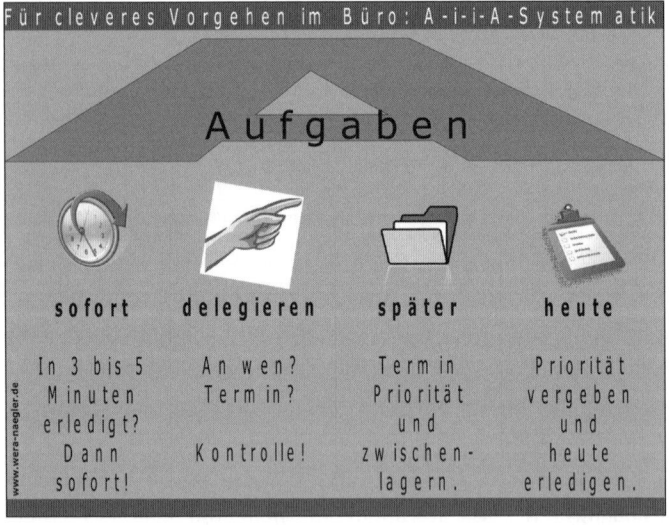

Abbildung 5: So erledigen Sie Aufgaben – sofort, deligieren, später, heute

Wenden Sie das „Sofort-Prinzip" so oft wie möglich an

Alles, was Sie sofort erledigen können, brauchen Sie nicht einzuplanen oder in Ihre Vorgänge einzuordnen. Zum Sofort-Prinzip eignen sich alle kleinen, recht schnell und unkompliziert zu erledigenden Aufgaben. Alles, was nicht länger als fünf Minuten dauert, beispielsweise die Mail sofort mit einem kurzen Vermerk an jemanden weiterleiten, sofort einen Termin heraussuchen und telefonisch durchgeben. Oder auf einem Schreiben einen handschriftlichen Vermerk mit der Überschrift „Blitz-Antwort" machen. Das Prinzip „Sofort erledigen" hat den Vorteil, dass Sie diese Vorgänge gleich wieder aus dem Kopf entlassen können.

Können Sie wirklich delegieren?

Wenn ich das Thema „delegieren" in Trainings oder im Coaching anspreche, sehe ich erst ein Lächeln, höre dann aber Folgendes: „Delegieren ist ja schön und gut, aber meine Aufgaben kann mir eh keiner abnehmen ..." oder: „Bis ich das alles jemandem erklärt habe, habe ich es schon drei Mal selber gemacht." Gern wird auch gesagt: „Außer mir hat sowieso keiner Ahnung, wie es geht" und: „Wenn ich da nicht ständig draufschaue, geht das ohnehin schief." Viele Mitarbeiterinnen und Mitarbeiter im Büro fühlen sich einfach unersetzlich. Sie haben das Gefühl, dass kein anderer die Aufgaben so gut, so schnell oder so richtig ausführen könnte wie sie selbst. Wenn Sie jedoch darüber nachdenken, wissen Sie, dass das nicht stimmt.

Delegieren ist die Königsdisziplin. Aufgaben erledigen ist gut, delegieren ist besser. Sofort delegieren ist die Königsdisziplin. Überprüfen Sie bei jeder Unterlage, die auf Ihrem Schreibtisch landet, mit den folgenden Leitfragen, ob Sie delegieren können: Ist jemand anderes zuständig? Muss ich das wirklich selbst erledigen? Ist jemand anderes besser geeignet? Wer muss was wissen und welche Kompetenzen erhalten, um zuverlässig die Aufgabe zu einem erfolgreichen Abschluss zu bringen? Welche Aufgaben sich zum Delegieren anbieten, kann nur im Einzelfall und je nach Situation entschieden werden.

Gut geeignet zum Delegieren	Nicht zum Delegieren geeignet
• Routineaufgaben • Aufgaben, die gut zu isolieren und zu begrenzen sind • Aufgaben ohne viel Abstimmungsbedarf • gut vorbereitete Aufgaben, die anhand von Checklisten erfüllt werden können • Aufgaben, für die es bereits erfolgreiche Vorgaben und Vorlagen gibt (beispielsweise aus dem Vorjahr) • Spezialistentätigkeiten (Spezialisten engagieren)	• Leitungsaufgaben • Personalangelegenheiten • vertrauliche Vorgänge • alles, was ungewöhnlich und dabei wichtig ist

Delegieren ja, aber an wen und wie? Unter Umständen haben Sie mehrere Möglichkeiten zu delegieren: Da sind einmal Kolleginnen und Kollegen, eigene Mitarbeiterinnen und Mitarbeiter, ein anderes Team/eine andere Abteilung im Unternehmen, Stabsstellen im eigenen Unternehmen und/oder externe Dienstleister. Das Wie beim Delegieren erfordert Fingerspitzengefühl. Denn die Fähigkeiten und Möglichkeiten des anderen bestimmen Ihre Art zu delegieren. Das bedeutet, Sie passen sich an den anderen an.

Kenntnisse des anderen	Das sollten Sie beim Delegieren beachten	✓
Gering	Detaillierte Anweisungen geben. Die Ausführung regelmäßig und engmaschig überwachen.	
Mittel	Geben Sie allgemeine Anweisungen. Überprüfen Sie den Fortschritt in Stichproben.	
Hoch	Sie legen das Ziel fest, erläutern Hintergründe und Zusammenhänge und besprechen gemeinsam die Durchführung. Der andere entscheidet selbst über das wie der Zielerreichung. Zwischenstände werden vereinbart, terminiert und kontrolliert.	
Sehr hoch	Sie erläutern das Ziel mit Hintergrundinformationen und der andere bekommt Verantwortung für die gesamte Ausführung. Besprechungen finden nur auf Wunsch statt oder am Ende der Aufgabe.	

Halten Sie es wie der US-Präsident Theodore Roosevelt. „*Wer seiner Führungsrolle gerecht werden will, muss genug Vernunft besitzen, um die Aufgaben den richtigen Leuten zu übertragen, und genügend Selbstdisziplin, um ihnen nicht ins Handwerk zu pfuschen.*" Machen Sie zudem eindeutige Vorgaben zu Zielen und Ergebnissen. Vergewissern Sie sich, dass die Person, an die Sie die Aufgabe übertragen, wirklich alle notwenigen Informationen von Ihnen erhält.

Hier sehen Sie die Checkliste dazu:

Leitfrage	Das ist Ihr Job!	✓
Was genau ist die Aufgabe?	Formulieren Sie den Arbeitsauftrag klar, konkret, eindeutig und geben Sie vor, was bis wann abgeschlossen sein soll.	
Was ist das Ziel der Aufgabe?	Geben Sie ein konkretes, messbares Ziel vor.	
Was ist der Sinn der Aufgabe?	Vermitteln Sie, wozu die Aufgabe benötigt wird und in welchem (größeren) Zusammenhang sie steht.	
Welches Ergebnis soll die Tätigkeit haben?	Geben Sie die Qualität und Form vor, beispielsweise als Excel-Datei oder als Präsentation.	
Welche Priorität hat die Aufgabe?	Seien Sie eindeutig, wie wichtig und wie dringend die Aufgabe ist.	
In welchen Fällen und wann wollen Sie Zwischenergebnisse oder Rücksprachen?	Vereinbaren Sie, wann Sie eine Rücksprache wünschen und wann der Mitarbeiter selbst entscheiden soll.	
Welche Kompetenzen oder Ressourcen werden benötigt?	Sorgen Sie für entsprechende Befugnisse und Zugangsrechte. Kommunizieren Sie diese an entsprechender Stelle.	
Wo muss die Kollegin oder der Mitarbeiter eingeführt werden?	Machen Sie die beteiligten Personen miteinander bekannt. Klären Sie, dass zukünftige Fragen an die Person gehen, an die Sie die Aufgabe delegiert haben.	
Was ist zu tun, wenn die Aufgabe nicht wie abgesprochenen geschafft wird?	Vereinbaren Sie konkrete Stationen, wann Sie informiert werden müssen.	
Haben Sie Klartext gesprochen?	Lassen Sie zum Abschluss den anderen mit eigenen Worten wiedergeben, was er erreichen soll.	

So delegieren Sie an externe Dienstleister. Es gibt Büro-, Schreib- und Telefondienste, Steuerberater, Webmaster, IT-Spezialisten und was immer Sie an Dienstleistungen zum Outsourcing suchen. Zudem können Sie auf Internetplattformen für Dienstleistungen fündig werden. Wenn Sie Aufgaben auslagern möchten, gelten die gleichen klaren Vorgaben wie für interne Delegation. Im Vorfeld sollten Sie sich allerdings zusätzliche Gedanken machen:

- Was erwarten Sie von Ihrem Geschäftspartner? Benennen Sie Ihre Erwartungen konkret und exakt.
- Wie sollte die Zusammenarbeit sein: inhaltlich, organisatorisch und auch persönlich?
- An welche Details ist zu denken?
- Wie erfolgen Zwischenkontrollen und Zwischenergebnisse?
- Welche Qualität der Dienstleistung ist für Sie wichtig?
- Wie flexibel oder termingenau muss Ihr externer Anbieter sein?

Behalten Sie die Übersicht und führen Sie eine Delegationsliste. Ob extern oder intern delegiert: Wenn Sie eine Aufgabe delegieren, liegt die Verantwortung nach wie vor bei Ihnen. Das bedeutet, Sie müssen kontrollieren. Für den Überblick kann ein Delegationsfach oder eine Mappe sinnvoll sein. Wenn Sie die Aufgabenanfragen von Outlook & Co. nutzen, werden Sie automatisch informiert, wenn die Aufgabe erledigt wurde. Alternativ können Sie die delegierte Aufgabe in Ihrem Zeitplanbuch, in einer To-do-Liste, handschriftlich oder als PC-geführte Liste führen.

Wichtig ist, dass Sie die delegierten Aufgaben immer im Blick behalten. So könnte eine Delegationsliste aussehen:

Datum	Mitarbeiter/ Abteilung	Über- tragene Aufgabe	Priorität	Beginn der Aufgabe	Abgabe der Aufgabe	1. Zwi- schen- ergebnis am	2. Zwi- schen- ergebnis am	erledigt

Tipp

Vermeiden Sie „Rückdelegation". Ihr Mitarbeiter kommt permanent mit Fragen an? Spielen Sie den Ball mit den folgenden Fragen konsequent zurück: „Was schlagen Sie vor?" oder „Welche Alternativen sehen Sie?" oder „Was halten Sie für das Beste?" Stellen Sie Ihre Frage, lehnen Sie sich zurück – und halten Sie die Pause aus. Vertrauen Sie darauf, dass ein Vorschlag kommen wird. Der Mitarbeiter wächst mit dieser Erfahrung. Und Sie auch – wenn Sie die Pause aushalten.

Und an wen delegieren Solounternehmer? Wenn Ihnen die Arbeit über den Kopf wächst, bedenken Sie, dass Sie nicht alles alleine machen müssen. Sie wissen, dass bei Überlastung die Qualität der Arbeit nachlässt. Sie wirken aufgrund von Hetze weniger professionell und kompetent. Allerdings sind für Solounternehmer die Einkünfte oft unsicher und anfangs eher unregelmäßig. Das reduziert die Bereitschaft, sich mit zusätzlichen Kosten zu belasten. Einen Vorteil haben aber gerade

Existenzgründer: Sie treffen in Schulungen oder in ihrem Existenzgründer-Netzwerk viele Gleichgesinnte. Den meisten ist gemeinsam, dass die Auslastung noch nicht so hoch ist. Und es sind verschiedene Branchen vertreten. Das sind förderliche Bedingungen, um sich zu vernetzen. Nach der Devise: Mache du meinen PC mit Internet und Datensicherung fit, dafür coache ich dich in Verhandlungsführung. Denken Sie zusätzlich darüber nach, ob für Sie Aushilfskräfte infrage kommen, deren Bezahlung oftmals nicht so hoch ist, die dafür aber in der Regel angelernt werden müssen, beispielsweise Praktikanten, Studenten, Schüler oder Rentner. Informieren Sie sich über die verschiedenen Möglichkeiten, Hilfskräfte einzusetzen (Bezahlung, Steuern, Sozialversicherung klären).

Und wenn Sie wirklich nicht delegieren können? Trotz allem kann es sein, dass es tatsächlich nicht möglich ist, Aufgaben zu delegieren. Bei aufwendigen Routineaufgaben sollten Sie überlegen, was passiert, wenn Sie die Aufgabe reduzieren, halbieren oder weglassen. Oder Sie teilen sich mit anderen Solounternehmern Auftragsdienste. Vielleicht können Sie an externe Dienstleister Aufträge erteilen? Machen Sie sich klar, dass es auf Dauer lukrativer ist, vier Stunden Ihrer Arbeit mit gezielter Akquise zu verbringen, als sich vier Stunden lang mühsam durch die unverständliche Buchhaltung zu kämpfen. Investieren Sie in Zeitmanagement und Büroorganisation (Training, Coaching). Bei Selbstständigen geht Zeitverschwendung direkt zulasten des eigenen Geldbeutels.

Später erledigen – Aufgaben im Blick

Aufgaben, die zu einem späteren Zeitpunkt zu bearbeiten sind, werden von vielen Büroarbeitern „Wiedervorlage" genannt. Meine Fragen in Seminaren und jetzt auch an Sie lauten:

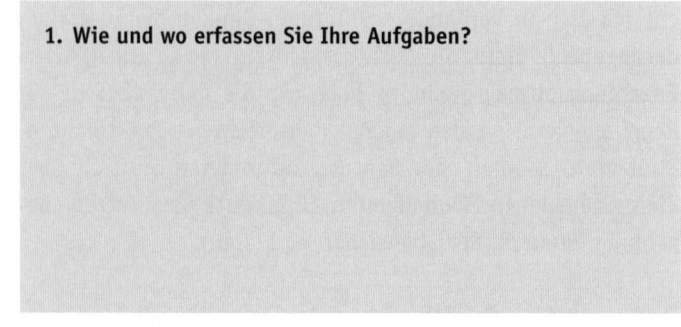

1. Wie und wo erfassen Sie Ihre Aufgaben?

Häufige Antworten aus meinen Seminaren: Zettel, Kalender, Tischkalender, im Kopf merken, To-do-Liste handschriftlich oder PC, Wochenplan, feste Abläufe, auf Zuruf, Kladde, Post-it, Mail markieren/Nachverfolgung, Datenbankerfassung, Mappe mit Zetteln, Notizzettel ...

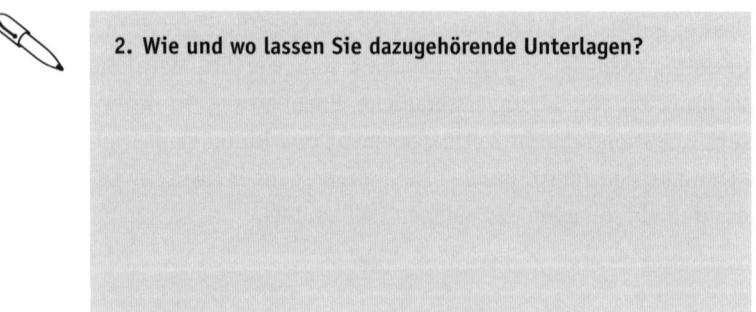

2. Wie und wo lassen Sie dazugehörende Unterlagen?

Häufige Antworten aus meinen Seminaren: stapeln, Wiedervorlagemappe, Zwischenablage, auf dem Schreibtisch, Mappe mit Zetteln, Ablagekorb heute …

Ich stelle Ihnen drei Kriterien vor, anhand derer Sie sich Ihre Module selbst zusammenstellen können:

1. Es gibt nur eine einzige Stelle der Aufgabenübersicht.
2. Es gibt nur eine einzige Stelle als Aufbewahrungsort der dazugehörenden Unterlagen.
3. Es gibt nur eine Form von Materialen, die eingesetzt werden.

Hier sehen Sie eine Übersicht verschiedener, bewährter Möglichkeiten, damit Sie terminierte Unterlagen sicher unterbringen. Allerdings bestehen die Wahlmöglichkeiten nur horizontal. Achten Sie darauf, nicht eine handschriftliche Liste und eine in Outlook zu führen. Verteilen Sie nicht einige Aufgaben auf Postkörbe und andere in einer Wiedervorlagemappe. Das erschwert Ihnen die Übersicht und für eine Vertretung ist so ein „System" gar nicht zu durchschauen.

Hier sind noch zwei Beispiele, bevor Sie sich die Tabelle in Bezug auf Ihr Büro ansehen:

Beispiel 1: Aufgabe in Outlook erfasst, passende Unterlagen dazu in Projektmappen, diese sind farbig (für verschiedene Geschäftsbereiche) und mit Beschriftungsfeld.

Beispiel 2: Handschriftliche Liste, Unterlagen dazu in thematisch/chronologisch sortierten Ablagekörben.

1. Eine einzige Stelle der Aufgabenübersicht	2. Eine einzige Stelle als Aufbewahrungsort der dazugehörenden Unterlagen	3. Eine Wahl der Materialen, die eingesetzt werden
Handschriftliche Liste mit Termin, Priorität	Ablagekörbe, thematisch und/oder chronologisch →	Ablagekörbe, evtl. farbig sortiert, evtl. transparent
PC-Liste (z. B. Lotus, Outlook o. Ä.) mit Termin, Priorität	Hängeregistratur, thematisch und/oder chronologisch →	Hängemappen, evtl. farbig sortiert
Wochenplan	Jahresmappe →	Wiedervorlagemappe 1–12
Word- oder Excel-Liste	Wiedervorlagemappe	Wiedervorlagemappe 1–31
Datenbank		Wiedervorlagemappe A–Z
Mind-Map	Mappen, thematisch und/oder chronologisch →	Mappen mit Beschriftungsfeld, evtl. farbig sortiert

Das könnte für mich eine optimale Kombination sein/meine Ideen dazu:

Eine einzige Lösung für alle zur Organisation von später zu erledigenden Aufgaben gibt es nach meiner Erfahrung nicht. Zudem sollte auch das beste System ab und zu auf den Prüfstand gestellt werden: Geht es besser, einfacher, sicherer, schneller, übersichtlicher? Dann sollte man das System anpassen.

So können Sie Aufgaben zwischenlagern und wiederfinden.

1. Alles, was Sie nicht sofort erledigen können, hat seinen festen Platz. So behalten Sie die Aufgabe mit Unterlagen im Blick, versäumen keinen Termin, schaffen wiederum auch keine Unordnung oder Stapel.
2. Für das Einordnen unerledigter Aufgaben können Sie wie bereits beschrieben Ablagekörbe, Hängemappen oder eine Registermappe mit Unterteilungen verwenden.
3. Wichtig ist, das passende System und eine entsprechende Unterteilung zu wählen.

Ich habe für Sie Anregungen für mögliche Einteilungen notiert, wie Sie Hängeregister, Mappen oder Ablagekörbe beschriften können.

Zeitliche Unterteilung	Thematische Unterteilung	Organisation
Diese Woche	Projekt A	C-Aufgaben
Nächste Woche	Projekt B ...	Delegieren
Nächste zwei Wochen	Marketing	Lesen
Diesen Monat	Newsletter	Ideen
Nächsten Monat ...	Arbeitsgruppe Z	Schnellzugriff

Aktuelles Quartal	Personal	Ablage
1. Quartal/2. Quartal ...	Finanzamt	Warten auf Antwort
1. Halbjahr	Rechnungen	...
2. Halbjahr ...	Lieferanten	
Nächstes Jahr (als Zahl)	Eingangsüberwachung	
...	laufende Aktionen	
	...	

 Tipp

Erlaubte Unklarheit. Richten Sie sich ein Fach ein mit der Aufschrift „Weiß-nicht-wohin-damit". Dort kommt alles hinein, was Sie nicht wirklich zuordnen können. Der Tipp gefällt vielen rechtshirndominanten Menschen. Setzen Sie sich allerdings ein Limit, wie voll das Fach werden darf. Wenn dieses Fach dauerhaft überquillt, müssen Sie Ihre grundsätzliche Unterteilung verbessern.

So halten Sie ganz einfach auch Ordnung im Kleinen. In den Körben oder Fächern ordnen Sie Ihre Unterlagen entsprechend an. Beispiel: im Fach „diese Woche" liegen Unterlagen nach der Reihenfolge Montag, Dienstag, Mittwoch usw. Unter dem jeweiligen Wochentag kommt das Wichtigste (Priorität A) zuerst, das Zweitwichtigste folgt usw. Ordnen Sie regelmäßig diese Fächer. Mit diesem System erkennen Sie auch rechtzeitig, wann Sie für einen Tag einen zu hohen Arbeitsanfall produzieren, und können früh genug gegensteuern.

Aus den Fächern entnehmen Sie täglich die fälligen Unterlagen, damit sie in die Tagesplanung eingearbeitet werden können. Mit der tagesaktuellen Post und Aufgaben, die sich im Laufe des Tages zusätzlich ergeben, sind dies die Aufgaben, die Sie an diesem Tag zu erledigen haben.

So organisieren Teams gemeinsame Terminaufgaben. Für Teams kann es sich anbieten, eine gemeinsame Struktur und Aufbewahrung von Vorgängen zu schaffen. Ich möchte Ihnen an dieser Stelle ein Beispiel aus der Praxis vorstellen: Für einen Kunden wurde eine Lösung für die zeitliche Struktur entwickelt. Das Team hatte aktuelle, zeitnahe und sehr langfristige Aufgaben mit Unterlagen zu terminieren. Erste Anschaffungen waren farbige Hängemappen und ein ausreichend großer Mappenwagen. Blaue Hängemappen, von 1 bis 31 beschriftet, waren für Terminaufgaben des aktuellen Monats. Dann gab es zwölf gelbe Hängemappen, beschriftet mit den Monaten Januar bis Dezember (für das aktuelle Jahr). Am Monatsende wurde die jeweilige Monatsmappe in die Mappen 1 bis 31 (blau) einsortiert. Im Laufe des Monats kam noch Aktuelles dazu. Die dritte Farbgruppe Rot umfasste nur vier Hängemappen mit den Jahreszahlen der nächsten drei Jahre plus „noch später". Durch die vom Team festgelegte Farbkodierung und die Beschriftung konnte die Einsortierung auch für im Team Neue fehlerfrei erfolgen.

Tipp

Brauchen Sie ein Fach „Schnellzugriff"? In den meisten Büros gibt es sie: Namens- und Telefonliste, Organigramme, Projektübersichten, Vertretungspläne, Preislisten usw. Alles Unterlagen, die Sie zum schnellen Nachschlagen benötigen. Hier kann es sinnvoll sein, einen Ablagekorb für den Schnellzugriff anzulegen. Im Bürobedarf gibt es dazu Klarsichthüllen, die etwas länger sind als normale A4-Formate. Sie haben am Fuß austauschbare Beschriftungsfelder. So sehen Sie schnell die passende Unterlage. Für Vielnutzer des Schnellzugriffs: Wie bei Verkäuferinnen an der Kasse gibt es auch fürs Büro sogenannte Sichtwender, die Sie zum Blättern einsetzen können.

Mein wichtigstes Fach heißt „Warten auf Antwort". Sie warten auf eine Information eines Kollegen und legen den Schriftverkehr dazu auf einen Stapel. „Es eilt zwar nicht, aber vielleicht kommt die Info morgen oder übermorgen, dann habe ich gleich alles schnell zur Hand", denken Sie sich. Bis der Kollege sich meldet, haben Sie den Vorgang schon einige Male in Ihrem Stapel von oben nach unten geschichtet. Vielleicht haben Sie den Vorgang von vornherein in Ihre Wiedervorlagemappe gelegt? Wahrscheinlich mit einem Datum, von dem Sie vermuten, dass dann eine Nachricht vorliegen könnte. Was aber, wenn der erwartete Anruf früher kommt? Finden Sie dann zielsicher den Vorgang?

Für solche Unterlagen habe ich den „Warten auf Antwort"-Korb entwickelt. Er erfüllt die Kriterien:

1. Es gibt einen festen Platz,
2. ein Griff und man hat den Vorgang in der Hand und
3. rechtzeitiges Nachhaken und Erinnern ist möglich.

Arbeiten Sie mit einem Ablagekorb oder einer Mappe „Warten auf Antwort". Hier hinein kommen alle Vorgänge, zu denen als nächstes die Reaktion einer anderen Person erfolgen muss. Wenn die Reaktion erfolgt, zieht man den Vorgang heraus. Andernfalls wird der Vorgang termingerecht zum Erinnern in die Tagesplanung überführt.

 Tipp

Kurzvideo „Warten auf Antwort". Vielleicht schauen Sie sich auch mein Video *www.youtube.com/watch?v=x_TSYqNwO_4* dazu an.

Einarbeiten von Aufgaben in die Tagesplanung. Natürlich sollen Sie die Unterlagen nicht nur in Ablagekörbe, Hängemappen oder Wiedervorlagemappe verstauen. Aus dem Themenfach wandern die Vorgänge rechtzeitig in Ihre Tagesplanung und damit in den „Heute-Korb". Mit der tagesaktuellen Post und Aufgaben, die sich im Laufe des Tages zusätzlich ergeben, sind dies die Aufgaben, die Sie zu erledigen haben.

Organisieren Sie Ihre Aufgaben des Tages wirklich clever?

Bis hierhin haben Sie alle Unterlagen und Aufgaben, die heute nicht zu erledigen sind, systematisch „zwischengeparkt". Wenden Sie sich jetzt den Aufgaben des Tages zu. Den Dingen, die Sie an diesem Tag zu erledigen haben. Dazu können Sie sich an diesen beiden Prinzipien orientieren:

1. Es gibt nur einen Ort, an dem alle Aufgaben aufgeschrieben sind: als To-do-Liste, Tagesliste, Aufgabenliste oder wie Sie sie nennen.
2. Es gibt nur einen Ort, an dem alle dazugehörenden Unterlagen gesammelt sind: der „Heute-Korb". Das kann natürlich auch eine Mappe oder ein Register oder eine Hängemappe sein.

Und woher kommen Ihre Aufgaben des Tages eigentlich alle?
Sehen Sie selbst:

Aufgaben des Tages					
1. Mögliche Aufgaben vom Vortag	2. Bekannte Aufgaben aus To-do-Liste, Post, Fax, E-Mail, Telefonaten, Zurufen, Besprechungen	3. Aufgaben aus Ihren Ablagekörben/ Wiedervorlage	4. Aufgaben aus „Warten auf Antwort"	5. Aufgaben aus Ihren Fächern Ideen und Notizen	6. zusätzliche Aufgaben des Tages durch Post, E-Mail, Telefonate, Gespräche ...
planbar	planbar	planbar	planbar	planbar	unplanbar

Haben Sie eigentlich einen „Heute-Korb"? Ihr „Heute-Korb" sollte einen bevorzugten Platz auf Ihrem Schreibtisch erhalten. So haben Sie alle Tagesaktivitäten im Blick. Optimal befinden sich alle Unterlagen in Klarsichthüllen. Dann kann nichts verloren gehen, dazwischenrutschen oder sich verhaken. Jetzt sortieren Sie Ihre Aufgaben nach Prioritäten. Danach liegt die wichtigste A-Aufgabe ganz oben, danach die zweitwichtigste A-Aufgabe, dann folgen die B-Aufgaben, ganz unten sind die C-Aufgaben. Konkret könnte das so aussehen, vor allem bei linkshirndominanten Menschen: A1 > A2 > B1 > B2 > B 3 > B 4 > C1 > C2 usw. Manchmal kann es auch hilfreich sein, mit der A-Aufgabe zu beginnen, die am schnellsten zu erledigen ist. Für viele Büroarbeiter auch ein gutes Vorgehen: Erledigen Sie innerhalb der Kategorien das Unangenehmste zuerst. Das wird Ihre Zufriedenheit enorm steigern. Auf jeden Fall sollten Sie die Aufgaben so sortieren, dass nicht erst kurz vor Feierabend eine ganz wichtige Aufgabe aus den Tiefen Ihres „Heute-Korbes" auftaucht.

Das Powerpaar: der „Heute-Korb" und die To-do-Liste. Für manche Büroarbeiter reicht der sortierte „Heute-Korb" schon fast als Organisation für die Aufgaben des Tages. Doch denken Sie auch an die Aufgaben ohne Unterlagen oder mit elektronischen Dateien. Diese Informationen müssten in einer handschriftlichen oder elektronischen Liste oder Software hinterlegt sein und jetzt mit den Unterlagen aus dem „heute-Korb" passgenau zusammenfließen. Eine To-do-Liste und die Tagesplanung sollte folgende Kriterien erfüllen: Schriftlichkeit, Büroformat DIN A4, sie sollte Priorität, Zeitaufwand, Ort und Aktualität nennen.

- Schriftlich: Dabei ist es egal, ob dies handschriftlich oder am PC formlos oder als Formular erfolgt.
- Büroformat: das kann die PC-Liste, handgeschriebene Liste, ein Mind Map oder Feldertechnik sein. Zettelchen sollten tabu sein.
- Priorität: Für jede Aufgabe ist die Priorität vergeben. Es ist Ihnen überlassen, ob Sie dazu ein „A" schreiben oder eine „1" (eher linkshirndominantes Vorgehen), ob Sie ein Ausrufezeichen malen, das Thema einkreisen oder textmarkern (eher etwas für rechthirndominantes Vorgehen). Hauptsache, Sie erkennen, dass Sie priorisiert haben.

- Zeitaufwand: Optimal wäre das Angeben der geschätzten Dauer zur Erledigung, zum Beispiel 15 Minuten.
- Ort: Die To-do-Liste hat einen festen Platz bzw. ein Programm wie Outlook oder Lotus ist immer geöffnet.
- Aktualität: Die Liste wird aktualisiert und zeigt so alle noch zu erledigenden Aufgaben an.

Mit der Wochen- und Tagesplanung arbeiten Sie souverän

In den meisten Büchern steht die Tagesplanung im Vordergrund. Ich halte das nicht für ausreichend. Hilfreicher ist eine langfristige Planung. Meine Empfehlung ist eine Jahresplanung mit den Meilensteinen des Jahres, die in eine Quartals- oder Monatsplanung fließt. Ein „Muss" ist die Wochenplanung. Denn nur so können Sie Arbeitsspitzen rechtzeitig erkennen. Verwenden Sie dazu entweder ein Mind Map oder eine Liste. Meinen Vorschlag sehen Sie nachfolgend. Die Spalten könnten auch anders aussehen, beispielsweise ergänzt mit „Termine". Das bleibt ganz Ihnen überlassen.

Wochenplan für die Woche vom bis			
Montag	Dienstag	Mittwoch	laufend/künftig
>>	>>	>>	
>>	>>	>>	
>>	>>	>>	
>>	>>	>>	
>>	>>	>>	

Donnerstag	Freitag	Wochenende	So sorge ich diese Woche für Entspannung
>>	>>	>>	
>>	>>	>>	>>
>>	>>	>>	So sorge ich diese Woche für Bewegung
>>	>>	>>	
>>	>>	>>	>>

Tipp

Wochenplan herunterladen. Diese Vorlage können Sie sich wahlweise als PDF- oder als Word-Datei von meiner Webseite *www.weranaegler-buch.de* mit dem Kennwort *rugiwo68* herunterladen.

Wie sieht eine gute Tagesplanung aus? Eine Aufgabenliste in Outlook oder eine To-do-Liste sind noch keine Tagesplanung, denn Reihenfolge und die zeitliche Zuordnung fehlen. Für eine gute Tagesplanung empfehle ich, zwei Kriterien zu berücksichtigen:

1. Arbeitsblöcke bilden, indem Sie gleichartige Aufgaben bündeln, zum Beispiel am Stück mehrere Telefonate erledigen.
2. Zeitfaktor: Für bestimmte Aufgaben feste Zeiten vergeben, zum Beispiel Mails um 8:00, 12:00 und 16:00 Uhr abrufen und jeweils 30 Minuten zur Bearbeitung einplanen.

Systematisieren Sie Ihren Tag. Beispielsweise so: 8:00 bis 9:00 Uhr = allgemeiner Schriftverkehr, 9:00 bis 10:00 Uhr = Projekte, 10:00 bis 11:00 Uhr = Telefonate, 11:00 bis 12:00 Uhr = Besprechungen, Termine, 13:00 bis 14:00 Uhr = Telefonate,

14:00 bis 15:00 Uhr = Projekte, 15:00 bis 16:00 Uhr = allgemeiner Schriftverkehr. Wahrscheinlich lauten Ihre Arbeitsblöcke
ganz anders und sind anders positioniert. Aber der grundsätzliche Vorteil ist, dass Sie ein Tagesgefüge haben, an dem Sie
sich orientieren können.

Lieber handschriftlich statt Outlook & Co.? Vielen reicht der
Einsatz von Outlook oder Lotus zur Tagesplanung aus. Wer sich
zusätzlich oder sogar lieber handschriftlich eine Tagesüber-
sicht erstellt, wählt meist eine einfache Liste mit Aufgaben-
feld, Priorität und eventuell Uhrzeit. Diese Form spricht oft
linkshirndominate Büromenschen an und ist sehr gebräuch-
lich. Es geht auch anders: Die Aufgabenerfassung nach den
Tätigkeitsfeldern. So könnte diese Liste aussehen (siehe Abbildung 6 *Tagesaufgabenplan* auf der folgenden Seite).

Die Aufgabenerfassung erfolgt nach Tätigkeiten wie telefonieren, schreiben und besprechen. Dies ist gut geeignet für
rechtshirndominante Menschen und für Langstreckenläufer.
Der rechtshirndominante Büromensch kann mit den üblichen
Listen, die die linke Gehirnhälfte ansprechen, in der Regel
nicht optimal arbeiten. Der Langstreckenläufer kann die vier
Hauptfelder nacheinander abarbeiten. Für den Sprinter funktioniert dieses Vorgehen auch, denn er kann von einem Feld
zum anderen springen. Dadurch hat er Abwechslung, behält
aber gleichzeitig die Tagesaufgaben im Blick.

Abbildung 6: Tagesaufgabenplan. Sie können sich auch diese Vorlage als PDF von meiner Webseite herunterladen: *www.wera-naegler-buch.de*, Kennwort *rugiwo68*.

Kaum jemand kennt es: Rhythmisieren Sie Ihre Arbeit!
Besorgen Sie sich einen Timer, damit Sie Ihre Arbeitsintervalle
strukturieren und einhalten. Beispielsweise 60 – 60 – 30. Das
bedeutet: 60 Minuten am Stück arbeiten, 5 Minuten Kurzpau-
se, 60 Minuten am Stück arbeiten, 30 Minuten Pause. Dann
wieder von vorn 60 – 60 – 30. Der Rhythmus kann auch 45 –
45 – 20 sein. Wie es zu Ihnen und Ihrem Arbeitsumfeld passt.
Die Pausen sind nicht zwingend als Ruhephasen zu verstehen.
Es geht um eine Unterbrechung der konzentrierten, zielgerich-
teten Arbeit. In der Zeit kann man gut kopieren, aufräumen
oder Ablage machen.

Mit Farben eine Struktur schaffen

Wie setzen Sie Farben im Büro ein? Gar nicht oder eher wahl-
los-zufällig? Mit dem Setzen einer Farbcodierung können Sie
Farben noch viel gezielter einsetzen. Denn Farben zeigen bereits die Struktur des Inhalts an. Wenn Sie beispielsweise farbige Ordner einsetzen und die Farbe für Kunden „blau" ist,
gehen Sie gezielt nur auf die blauen Ordner zu (oder Ordner
mit blauem Beschriftungsfeld). Im Kapitel Ablage und Archiv
komme ich auf das Thema Farben nochmals zurück. Hier erhalten Sie erste Anregungen.

Welches Farbsystem ist für Sie sinnvoll? Farben können bei
allen Ordnungshelfern genutzt werden: Ordner, Mappen, Hängeregister, Stehsammler, Klarsichthülle und Ablagekörbe sowie
entsprechende Beschriftungsschilder. Weiterhin gibt es farbige
Trennblätter und Register. Bevor Sie jetzt aber „wild" dieses
in Blau und jenes in Grün anschaffen, überlegen Sie sich ein
durchgehendes Farbsystem. Wie kann das aussehen?

- **Sortierung nach Priorität**, zum Beispiel A-Aufgabe = rot, B-Aufgaben = grün, C-Aufgaben = gelb.
- **Sortierung nach Tätigkeit**, zum Beispiel telefonieren = gelb, schreiben/mailen = blau, besprechen = rot und recherchieren = grün.
- **Sortierung nach Themen**, zum Beispiel Hauptthema = grün, Organisatorisches = gelb, Aufträge, wichtige Vorgänge = rot und Marketing = blau.

Checkliste: Nutzen Sie alle Möglichkeiten der Aufgabenerledigung?

Stichwort	✓
Ich erstelle eine Wochenplanung.	
Ich rhythmisiere meine Arbeit mit 60 – 60 – 30, 45 – 45 – 20 oder wie es sinnvoll ist.	
Mein Tag hat – soweit möglich – feste Arbeitsblöcke.	
Ich erstelle eine Tagesplanung.	
Ich setze Prioritäten.	
Ich wende das Sofort-Prinzip so oft wie möglich an.	
Ich delegiere richtig und sinnvoll.	
Ich habe ein funktionierendes System zur Wiedervorlage bzw. um später zu erledigende Aufgaben im Blick zu haben.	
Ich verwende geeignete Büromaterialien wie Hängemappen, Ablagekörbe etc.	
Ich arbeite möglichst meinem Typ entsprechend.	

So arbeiten Sie typgerecht in der Fundgrube

Die Tipps sind natürlich für alle Leserinnen und Leser, vor allem aber für die jeweiligen Arbeitstypen. Manche Punkte kann man kombinieren, andere sind als „Sie können es so oder auch so machen" zu verstehen.

Sprinter	• Der Sprinter kann Tätigkeiten mischen. Also einen Brief schreiben, dann ein Telefonat, zwei Mails beantworten, Telefonat usw. • Bei dem Abarbeiten von Aufgaben ist für ihn empfehlenswert: A-Aufgabe, kurze C-Aufgabe, nächste A-Aufgabe, C-Aufgabe, B-Aufgabe, C-Aufgabe etc. • Auffällige Mappe mit einer großen „1" beschriften. Darin liegt immer die als nächstes zu erledigende Aufgabe. Beim Herausnehmen wird sofort die neue Nummer 1 hineingelegt. • „Multitasking" ist ein Mythos! Auch für rechtshirndominante Menschen und auch für den Sprinter. Und wahllos zwischen Aufgaben hin- und herzuspringen ist sowieso kein Multitasking. Beenden Sie eine Aufgabe, bevor Sie eine neue beginnen. Wenn sich etwas Wichtigeres dazwischenschiebt: Räumen Sie erst die „alten" Unterlagen an den richtigen Platz und beschäftigen Sie sich dann mit dem „eiligen Drängler".
Langstreckenläufer	• Vermeiden Sie Zersplitterung. Legen Sie gleichartige Aufgaben in Ihrer Planung des Tages zusammen. Also nicht zwischen mailen, telefonieren, kopieren, recherchieren, telefonieren hin- und herspringen. • Tages- und möglichst auch bereits die Wochenplanung nach dem Muster der Tätigkeitsfelder erstellen. • Rhythmisieren Sie Ihre Arbeit – damit Sie genug Pausen machen. Wahrscheinlich ist 60 – 60 – 30 für Sie passend. • Ruheinseln schaffen: Sorgen Sie konsequent für eine „stille Stunde" pro Tag. In dieser Zeit sind Sie weder für externe noch für interne Anrufer zu sprechen und empfangen auch keine Besucher. Dann können Sie Aufgaben besonders erfolgreich erledigen. Wenn Sie immer die gleiche Zeit verwenden, wird sich das schnell einspielen.

Links-hirn-dominant	• Ohne Prioritäten schaltet Ihr Gehirn schnell auf „orientie-rungslos". Investieren Sie Zeit und Sorgfalt bei der Priorisie-rung von Aufgaben. • Zeitrahmen vergeben: Setzen Sie sich für alle Tätigkeiten Zeitvorgaben. Nach der Hälfte der vorgesehenen Zeit über-prüfen Sie, ob Sie auch wirklich die Hälfte geschafft haben. • Verplanen Sie nie den gesamten Arbeitstag. Mindestens ein Drittel Ihrer Arbeitszeit sollten Sie unverplant lassen.
Rechts-hirn-dominant	• Arbeiten Sie mit Farben, die Sie eindeutig lenken. • Gewöhnen Sie sich an, schriftliche Notizen zu erstellen. Das Büroformat lautet immer DIN A4, auch bei Notizzetteln. Von Post-its und Abreißzettelchen wollen Sie nicht lassen? Dann zumindest sofort in eine Klarsichthülle legen, damit der Zettel nicht verloren geht. • Nochmals zum Schriftlichkeitsprinzip: Ihr Gedächtnis ist oft nicht so gut, wie Sie denken. Und außerdem: Wie soll sich jemand zurechtfinden, wenn Sie krankheitsbedingt ausfal-len? • Rhythmisieren Sie Ihre Arbeit, damit Sie konzentriert bei der Sache bleiben. Wahrscheinlich ist 45 – 45 – 20 für Sie passend.
Stationä-rer Typ	• Sie können sich aus allen Punkten Ihr Wunschmenü zusam-menstellen.
Mobiler Typ	• Sie profitieren davon, wenn Sie alle Unterlagen elektronisch vorliegen haben. • In Ihrem Büro empfiehlt sich ein Postkorb „Mobil", in dem Sie mitzunehmende Unterlagen sammeln können. • Bei Papierunterlagen führen Sie statt des gesamten Kunden-vorgangs nur den aktuellen Auszug mit. • Dafür benötigen Sie ein passendes System an Mappen und Aufbewahrungssammlern, dies können Projektmappen oder Registermappen sein. • Eventuell bietet es sich an, grundsätzlich fünf Mappen als mobile Mappen einzurichten. Beschriften Sie diese mobilen Mappen mit den Ziffern 1 bis 5. Führen Sie eine Liste (Zeit-planbuch, Outlook), in die Sie neben die Ziffer ein Stichwort zum jeweiligen Projekt oder Inhalt eintragen. In die mobile Mappe kommen alle Papiere. Wenn Sie wieder im Büro sind bzw. das Projekt abgeschlossen ist, leeren Sie einfach die mobile Mappe und entfernen in der Liste den Namen. Dann kann die Mappe wieder für ein neues Thema genutzt werden.

To go-Typ	• Bei Ihnen sollten alle Daten digital vorliegen und erreichbar sein.
	• Für Sie ist Prioritätensetzen und Planung das A und O. Wenn jemand im Büro einen Engpass hat oder noch Unterlagen fehlen, kann er als Reserve auf Kollegen zurückgreifen. Als to go-Typ sind Sie meist auf sich gestellt und alles sollte topp organisiert sin.
	• Wenden Sie das Sofort-Prinzip so oft an, wie es Ihnen möglich ist.
	• Falls Sie Unterlagen bei Ihrem nächsten Aufenthalt im Büro bearbeiten müssen, kann eine Registermappe hilfreich sein. Eingeteilt beispielsweise nach „Ablage", „informieren", „delegieren", „weiterverfolgen" etc.
	• Die mobilen Mappen 1 bis 5, wie beim mobilen Typ, könnten auch für Sie geeignet sein bzw. als Dauermappen eingerichtet werden.

 ## Jetzt sind Sie dran: Aufgaben und Vorgänge optimal bearbeiten

Überprüfen Sie die Vorschläge dieses Kapitels. Notieren Sie sich Ihre Ideen dazu. Suchen Sie sich die Punkte heraus, die Sie umsetzen wollen. Notieren Sie, wie die ersten drei Schritte dazu aussehen. Setzen Sie eine Aktion innerhalb von 72 Stunden um. Suchen Sie nach Kleinigkeiten, die Sie sofort umorganisieren können. Wann werden Sie Ihre restlichen Pläne umsetzen? Legen Sie los oder terminieren Sie Ihre Aktionen.

Zusammenfassung für eilige Leser

1. Sortieren Sie eingehende Post und Aufgaben nach den Kriterien „sofort erledigen", „delegieren", „später" oder „heute".
2. Delegieren Sie, aber richtig. Wählen Sie die passende Person aus und kommunizieren Sie klar und eindeutig: Ziel, Sinn, Priorität, erwartetes Ergebnis und Form, Zwischenergebnisse, Kompetenzen und die Abgabe.
3. Um Ihre Aufgaben im Blick zu behalten, beachten Sie die beiden Prinzipien: 1. eine einzige Stelle der Aufgabenübersicht (zum Beispiel To-do-Liste) und 2. eine einzige Stelle als Aufbewahrungsort der dazugehörenden Unterlagen (zum Beispiel Ablagekorb).
4. Es gibt eine Fülle an Möglichkeiten, Unterlagen zwischenzulagern. Ob Sie mit Ablagekörben, Mappen, Wiedervorlagemappe oder Hängeregister arbeiten, bleibt Ihnen überlassen. Hauptsache, alle Aufgaben und dazugehörende Unterlagen tauchen zum vorgesehenen Erledigungstermin auf.
5. Die Wochenplanung gibt Ihnen den großen Überblick, die Tagesplanung lässt Sie das Klein-Klein des Tages optimal erledigen.
6. Systematisieren (zum Beispiel zwischen 10:00 und 11:00 Uhr Telefonate erledigen) und rhythmisieren (zum Beispiel 60 – 60 – 30) Sie Ihre Arbeit.
7. Setzen Sie Farben gezielt ein, um sich schneller zu orientieren und intuitiv zu arbeiten.
8. Bei der Aufgabenerledigung können Sie Ihren persönlichen Bürotyp besonders gut berücksichtigen.

5.
Chaos in der Büroarbeit –
die besten Tipps und Tricks

Planung ist das eine, die Realität des Arbeitslebens ist etwas ganz anderes. Manchmal gibt es Zeiten, zu denen ein Tagesplan schon um fünf nach acht nicht mehr funktioniert. Üblicherweise erfolgreiche Arbeitstechniken sind nicht zielführend. Für solche Tage entstand im Laufe der Zeit meine Sammlung geeigneter Methoden. Manchmal passte die übliche Arbeitstechnik nicht zur Person und ich suchte nach Alternativen. Vielleicht entdecken Sie auch Tipps, die Ihre Arbeit aufpeppen können.

„Kopf-hoch"-Strategien an „Land-unter-Tagen"

Von allen Seiten prasselt es heute auf Sie ein? Sie haben gefühlte 1.000 Bälle in der Luft? Und Sie merken: Alles schaffe ich heute nicht, jetzt geht es nur noch darum, die wichtigsten Dinge noch irgendwie zu erledigen. Doch gerade da fängt das Dilemma bereits an: Was ist das Wichtigste und wie arbeite ich so viel wie möglich ab? In solchen Situationen wird es schwierig zu entscheiden. Und das kostet Zeit. Hier meine Tipps. Doch lesen Sie nicht nur, sondern kreuzen Sie beim Lesen an, welche Vorgehensweise Ihnen gefällt und was Sie beim nächsten Mal anwenden wollen. Sie haben die Wahl:

☐	**STOPP!** Stellen Sie sofort alle Aktivitäten ein. Stehen Sie auf und je nach Stimmung und Möglichkeit stapfen Sie im Raum herum und bewegen Sie sich kräftig. Oder Sie schließen die Augen und atmen mindestens fünf Mal tief ein und aus.
☐	**Sämtliche C-Aufgaben weg!** Nehmen Sie alle C-Vorgänge unbesehen aus dem „Heute-Korb". Einfach weglegen. Wenn Sie einen Ablagekorb „Diese Woche" führen, unsortiert dort hinein. Für mehr haben Sie jetzt keine Zeit!
☐	**B-Aufgaben sichten.** Vielleicht können auch die untersten B-Aufgaben gleich beiseitegelegt werden? Entscheidungsfrage stellen: Muss es wirklich heute sein?
☐	**Stellen Sie sich zwei Leitfragen:**

Stellen Sie sich zwei Leitfragen:

1. Welche meiner Tätigkeiten hat die größte Hebelwirkung für meinen Erfolg?
2. Was ist meine Kerntätigkeit, für die ich bezahlt, anerkannt und gefördert werde?

Nach diesen Kriterien alle anstehenden Aufgaben priorisieren, den Rest: terminieren, delegieren. Klappt gut für linkshirndominante Menschen.

☐ **Erstellen Sie ein Mind-Map.** Für rechtshirndominate Menschen ist das oft sowieso besser als eine Liste.

1. Alle Aufgaben in einem Mind-Map darstellen. Unterteilen Sie beispielsweise nach Tätigkeit (telefonieren, mailen ...) oder Projekten. Diese Unterteilung wäre vor allem für Langstreckenläufer optimal.
2. Von „1 = damit fange ich an" bis zur letzten Aufgabe durchnummerieren. Mit der „1" zügig starten und abarbeiten, dann die „2" bis zu Aufgabe „9" oder wie viele Aufgaben auf Ihrem Zettel stehen.
3. Wenn das so nicht funktioniert, hier (auch für Sprinter), die Alternative: Kreisen Sie nur die drei wichtigsten Aufgaben ein. Notieren Sie eine 1, 2 und 3. Alternativ nehmen Sie verschieden farbige Textmarker.
4. Die gekennzeichneten Aufgaben 1, 2 und 3 abarbeiten.
5. Dann wieder die nächsten 1, 2, 3 auswählen und abarbeiten.

❑ **Kümmere dich um die ViPs!**

1. Drei Post-its nehmen und jeweils mit dickem Stift 1, 2, 3 notieren. Das sind Ihre ViPs, Ihre wichtigsten Positionen.

2. Alle Aufgaben nebeneinander legen und bei dem (gefühlt) wichtigsten Vorgang das Post-it mit der „1" aufdrücken. Das ist Ihr wichtigster ViP. Dann die anderen Post-its vergeben, bis die 3 Nummern verteilt sind. Alles bis auf die „1" kommt in den „Heute-Korb".

3. ViPs 1 bis 3 in der festgelegten Reihenfolge zügig abarbeiten.

4. Zweite ViP-Runde mit 1, 2, 3 vergeben, Rest an die Seite, abarbeiten usw.

❑ **Das „1-er-Prinzip".** Wann immer Sie Tage haben, an denen Sie Gefahr laufen, den Kampf gegen die Zeit zu verlieren, schalten Sie um auf das Prinzip mit der „1". Besonders geeignet für linkshirndominante Menschen, nicht einfach, aber empfehlenswert für Langstreckenläufer.

• Eine Minute pro Telefonat.

• Eine Seite pro Brief schreiben.

• Ein Mal den Brief Korrektur lesen.

• Eine Kurznachricht statt langem Brief.

• Eine Stunde pro Besprechung.

• Eine Information recherchieren – und nicht mehr die nächsten Suchergebnisse überprüfen.

• Eine/n Kollegen/Kollegin um seine/ihre Meinung oder Einschätzung fragen, nicht das gesamte Team.

• Eine Aufgabe erledigen – und nichts kommt zwischen Sie und diese eine Aufgabe!

❑ ☺ **Tipp: Spielen Sie „Eisenbahn" – besonders geeignet für rechtshirndominante Menschen und Sprinter.**

1. Je Vorgang ein Zettelchen mit kurzen Stichworten versehen z. B. „Angebot @ Schröder" (Angebot an Herrn Schröder mailen).

2. Die Zettelchen auf dem Schreibtisch ausbreiten.

3. Dann schieben Sie die Zettelchen so lange hin und her, bis sie wie eine Eisenbahn in einer Reihe angeordnet sind. Die wichtigste Aufgabe ist die Lok und steht ganz vorne – startklar.

4. Den Zug gut sichtbar neben sich anordnen.

5. Die Lok ist die Aufgabe, mit der Sie anfangen, dann folgt der zweite Waggon, der dritte usw.

6. Kommen noch weitere Aufgaben während des Arbeitens dazu, Zettelchen schreiben und dem Waggon einen Platz geben.

Weitere Strategien bei Zeitproblemen. Diese Strategien sind vor allem für linkshirndominante Menschen gut umsetzbar. Fragen Sie sich bei den tagesaktuellen Aufgaben, ob Ihnen eine der Möglichkeiten Luft verschafft:

1. Was kann ich streichen?
2. Was kann ich delegieren? An wen?
3. Was kann ich verschieben? Wohin?
4. Was kann ich kürzen?
5. Bei was kann ich die Qualität reduzieren?
6. Wo und wie kann ich die Abläufe optimieren?

C-Aufgaben erledigen – vielleicht mit dem Zufallsprinzip?

Oftmals entziehen sich bestimmte Aufgaben ihrer Erledigung, nämlich die C-Aufgaben. Das sind die Aufgaben, die nicht wichtig und nicht dringend sind. Sie rangieren gegenüber Priorität-A-Aufgaben (= heute und auf jeden Fall erledigen) und B-Aufgaben (wichtig, noch nicht fällig) weiter unten. Verschwinden die C-Aufgaben in Stapeln, löst das meist Schuldgefühle aus. Besser ist es, einen Termin zu vergeben und die Aufgabe dann auch abzuarbeiten – so macht es der linkshirndominante Mensch. Wenn das jedoch bei Ihnen „irgendwie" nicht funktioniert, lesen Sie meine Tipps und suchen Sie sich die aussichtsreichsten oder vergnüglichsten Vorschläge heraus.

Bitte wählen Sie:

☐	**Das Zuhause der C-Aufgaben.** Geben Sie Ihren C-Aufgaben einen einzigen, festen Platz, das Zuhause. Sie kommen alle in ein Fach, eine Mappe oder eine Hängemappe. Verwenden Sie die eindeutige Beschriftung „C-Aufgaben".
☐	**Pausen nutzen.** Führen Sie eine Dauerliste mit C-Aufgaben, vielleicht sogar handschriftlich auf farbigem Papier. Diese C-Aufgaben erledigen Sie immer dann, wenn Sie unerwartete Wartezeiten oder etwas „Luft" zwischendurch haben.
☐	**Sehen Sie „gelb".** Alle C-Aufgaben kommen in gelbe Klarsichthüllen. Tragen Sie jetzt in Ihren Terminkalender für die nächsten vier Wochen völlig willkürlich zu freien Zeiten das Wort „gelb" ein. An dem jeweiligen Tag arbeiten Sie zur eingetragenen Zeit 15 Minuten lang C-Aufgaben ab.
☐	**Zwischenschieben.** Erledigen Sie nach anspruchsvollen A- und B-Aufgaben kleine, leichte C-Aufgaben. Der Sprinter arbeitet sowieso am besten mit diesem Wechsel.
☐	**Die gute Tat.** Vor der Mittagspause und/oder vor Feierabend wird noch schnell eine C-Aufgabe erledigt. Das gibt ein gutes Gefühl. Jeden Tag.
☐	**Nehmen Sie es sportlich.** Schätzen Sie, wie lange Sie für die Erledigung brauchen. Dann versuchen Sie, die Zeit zu unterbieten.
☐	**Legen Sie sich fest.** Entscheiden Sie sich dafür, täglich zu einer bestimmten Zeit Ihre C-Aufgaben für die festgelegte Dauer zu erledigen. Egal, ob Sie Lust haben. Tun Sie es einfach. Doch nicht in Ihre „Prime-Time" planen, vielleicht eher nach dem Mittagessen oder noch kurz vor Feierabend.
☐	**Belohnung muss sein.** Sie haben „brav" die C-Aufgaben erledigt? Dann belohnen Sie sich erst einmal mit einem leckeren Tee oder Müsliriegel.
☐	**Wenn sowieso alles „zerfleddert" ist.** Alle Kollegen haben ihr Telefon auf Sie umgestellt? Da ist kein ungestörtes Arbeiten möglich, aber kleine C-Aufgaben schafft man gut. Nach einer Unterbrechung knüpft man leichter als bei anspruchsvollen Aufgaben wieder an.

Hilfe – so sagen Sie Rückständen den Kampf an

Derzeit schaffen Sie Ihre Aufgaben einfach nicht und einiges bleibt immer wieder liegen? Wenn das ein grundsätzliches Problem ist, überprüfen Sie Ihr Arbeitsaufkommen: Ist es überhaupt realistisch, dies zu schaffen? Wenn die Antwort „Nein" lautet, können Sie Aufgaben und Themen reduzieren oder ganz wegfallen lassen? Vielleicht kommen Sie nicht darum herum, ein Gespräch mit Ihrem Chef über Ihren Arbeitsbereich zu führen. Denn wenn die Arbeit dauerhaft nicht zu schaffen ist, dann hilft auch keine verbesserte Büroorganisation. Wie aber gehen Sie vor, wenn es wirklich nur ein zeitweiliger Stau ist? Vier Tipps helfen Ihnen, Rückstände systematisch abzubauen. Empfehlung für rechtshirndominante Menschen, falls das so nicht klappt: Suchen Sie sich in Ihrem Umfeld jemanden, der Sie bei den ersten beiden Punkten unterstützt.

1. Überblick verschaffen. Wenn Sie eine To-do-Liste führen, sollte sie von den Rückständen bereinigt werden. Listen Sie stattdessen auf einer DIN-A4-Seite sämtliche Arbeiten auf, mit denen Sie im Rückstand sind. Diese Liste zeigt deutlich, wo die Baustellen sind. Alle Unterlagen dazu kommen in eine separate Mappe, beschriftet mit „Rückstände". Die Beschriftung unbedingt handschriftlich als Signal „nur vorübergehend, kein Dauerzustand!".

2. Priorität und Dauer ermitteln. Betrachten Sie jede Aufgabe und konkretisieren Sie:

- Kann ich diese Aufgaben delegieren? Wenn ja, sofort erledigen und die Aufgabe streichen.
- Welche Priorität hat diese Aufgabe? Vergeben Sie eine eindeutige Priorität.
- Wie lange dauert die Erledigung? Notieren Sie die geschätzte Erledigungsdauer. Ein Eintrag in Ihrer Rückstände-Liste könnte so aussehen: Textbaustein entwickeln für Mailanfragen/B/15 Minuten.

3. Reservieren Sie Zeit. Wenn es zu Rückständen gekommen ist, haben Sie sicher nicht plötzlich einen kompletten Arbeitstag zur Verfügung, um die Rückstände abzuarbeiten. Realistischer wird es sein, in kleinen Schritten vorzugehen. Planen Sie dazu täglich eine feste Zeit ein. Das kann eine Stunde am Morgen direkt nach Arbeitsbeginn sein, vor/nach der Mittagspause oder die letzte halbe Stunde vor Feierabend.

Halten Sie diese Punkte ein:
- täglich
- gleiche Zeit
- gleiche Mindestdauer
- Reihenfolge ergibt sich aus der Priorität – bleiben Sie dran!

4. Woran lag's? Betreiben Sie Ursachenforschung, damit nicht erneut Rückstände entstehen. Stellen Sie fest, warum Sie mit welchen Aufgaben in Rückstand geraten sind. Mit der nachfolgenden Tabelle zeige ich Ihnen Aspekte, die typischerweise für Rückstände sorgen. Kreisen Sie Ihre persönliche(n) Ursache(n) ein.

fehlende Zeit	Perfektionismus	nicht Nein sagen können
fehlendes (Fach-) Wissen	Aufschieberitis	sich verzetteln
fehlende Informationen	Angst vor Versagen	Dinge nicht zu Ende bringen
unklarer Arbeitsauftrag	Schwatzen mit Kollegen	fehlende Motivation
Technik (fehlt, zu langsam, fehlerhaft)	Überschätzen/Unterschätzen des Aufwandes	zuviel Unterbrechungen

Meine Konsequenz – was müsste passieren, damit sich etwas ändert?

Brauchen Sie etwas Chaos im Büro?

Was ist, wenn Sie zu den Menschen gehören, die sich durch einen perfekt aufgeräumten Schreibtisch regelrecht blockiert fühlen? Oder wenn Sie genau wissen, dass Sie auf Dauer diese Ordnung nicht aufrechterhalten können? Akzeptieren Sie, dass Menschen sehr unterschiedlich mit ihrer Organisation im Büro sind. Was der eine schon für einen perfekt aufgeräumten Schreibtisch hält, ist für den anderen immer noch unübersichtlich. Es gibt ein Gefühl von Grundordnung oder auch Grund-Unordnung, das für Sie passend ist. Hören Sie auf, sich dafür abzuwerten. Erlauben Sie sich Ihre geliebten Stapel, jedoch mit System. Beispielsweise so (nach Renate Schmidt und Pia Fohrer):

Stapel 1: Das will ich erledigen.
Stapel 2: Das lese ich in Kürze.
Stapel 3: Darüber spreche ich mit anderen.
Stapel 4: Das verschwindet demnächst in Ordnern.

Chaos ja, aber halten Sie sich bitte an die folgenden Regeln:

Regel 1: Erlaubt sind höchstens dünf Stapel.
Regel 2: Die Stapel sind in Postkörben.
Regel 3: Die Stapel-Körbchen sind beschriftet.
Regel 4: Und sie stehen **nicht** auf dem Schreibtisch.
Regel 5: Ein Fingerbreit unterhalb der Oberkante des Körbchens ist die Deadline. Erreichen Ihre Unterlagen diese Marke, heißt es: Sofort abarbeiten.
Regel 6: Spätestens zum Ende der Arbeitswoche heißt es: Abarbeiten.

Jetzt sind Sie dran: Chaos in der Büro- arbeit

Überprüfen Sie noch einmal die Tipps dieses Kapitels. Vor allem die Punkte, die Sie angekreuzt haben. Was sind Ihre Ideen dazu? Suchen Sie sich die Punkte heraus, die Sie umsetzen wollen. Notieren Sie sich in Ihrer To-do-Liste, wie die ersten drei Schritte dazu aussehen.

Oder legen Sie sich Material bereit für Ihren nächsten „Land-unter-Tag", beispielsweise Post-its mit den dick beschrifteten Nummern 1, 2 und 3.

Welche Strategie möchten Sie ausprobieren?

Zusammenfassung für eilige Leser

1. Verschiedene kreativ-freche Methoden können helfen, „Land-unter-Tage" doch noch in den Griff zu bekommen und intuitiv Entscheidungen zu treffen über die Reihenfolge der zu erledigenden Aufgaben. Nutzen Sie Post-its, Zettelchen, Mind Maps und Ihre Vorstellungskraft zum „Eisenbahn Spielen" und für Ihre „ViPs".

2. Wenden Sie das „1-er-Prinzip" an. Das heißt eine Minute pro Telefonat, ein Absatz pro Mail, (maximal) eine Stunde pro Besprechung usw.

3. Sammeln Sie C-Aufgaben an „einer Stelle". Gehen Sie dann entweder strukturiert vor (die „gute Tat" oder „sich festlegen") oder nach dem „Zufallsprinzip" oder „sportlich".

4. Rückstände arbeiten Sie folgendermaßen systematisch ab:

   • Überblick verschaffen,
   • Priorität und Dauer vergeben,
   • terminieren und
   • Ursachenforschung betreiben zur zukünftigen Vermeidung von Rückständen.

5. Für alle diejenigen, die sich zurücksehnen nach den guten alten Zeiten, als Sie noch etwas Chaos hatten: Chaos mit Spielregeln ist erlaubt!

6.
Ablage und Archiv
– so verkürzen Sie Ihre
Suchzeiten

Wie oft landen Unterlagen auf dem „Weiß-nicht-Stapel", weil Sie kein eindeutiges Ablagesystem eingerichtet haben? Wie viel Zeit verbrauchen Sie mit der Überlegung, wo auf dem PC ein Ordner für ein Thema angelegt werden soll, und benutzen die Suchfunktion, weil Sie ihn später nicht wiederfinden? Einige Büromenschen haben Probleme, die Papierunterlagen systematisch zu ordnen. Andere haben Probleme, die Dateien auf dem Computer in eine sinnvolle Ordnung zu bringen. Wiederum andere haben Probleme in beiden Bereichen. Doch lassen Sie sich nicht entmutigen. Es gibt nicht die Standard-Ablage, die für alle passt. Doch Sie können sich Ihr eigenes System zusammenstellen. Für dieses Kapitel gibt es eine Checkliste *Ablage und Archiv – alles im Griff?*. Sie befindet sich am Ende dieses Kapitels.

Ablage? Mach ich später! Wie schafft man es, Dokumente abzulegen und nicht wieder neue Stapel zu schaffen, die man irgendwann oder wenn Zeit ist abheften will? Wie gelingt es, sein Ablagesystem aktuell und in Ordnung zu halten? Wie werden Papierunterlagen abgelegt, wie elektronische, wie die E-Mails? Und für viele Büromenschen zwei ganz wichtige Fragen: Wie finde ich eine Ordnung, die zu mir passt? Und wie gehe ich mit einer historisch gewachsenen Ablage um, die zu unübersichtlich geworden ist? Es gibt drei Grundsätze zur Dokumentenablage, die Sie kennen sollten. Vielleicht arbeiten Sie bereits danach?

1. Sie brauchen eine grundsätzliche Systematik für Ablage und Archiv.
2. Stimmen Sie Ihre Papier- und elektronische Ablage aufeinander ab.

3. Entscheiden Sie bei jedem Dokument, ob es sinnvoll ist, es aufzubewahren, und wenn ja, in welcher Form (Papier, elektronisch).

Abbildung 7: Gibt es in Ihrem Büro diese 3 Ablagearten?

Nutzen Sie die gleiche Systematik für Ablage und Archiv

Egal, ob Sie Ihre Papier- oder elektronische Ablage oder auch das Archiv ordnen wollen, Sie brauchen eine Differenzierung. Das ist unabhängig von der Größe Ihrer Ablage. Als grundlegende Systematik schlage ich Ihnen vor, nach Bereichen, Unterbereichen und einer Feinaufteilung aufzuteilen. Sehen Sie drei Beispiele in der Tabelle.

1. Bereich	z. B. Kunden	z. B. Personal	z. B. Öffentlich- keitsarbeit
	↓	↓	↓
2. Unter- bereich	Rechnungen ↓	Personalakten ↓	Newsletter ↓
3. Fein- aufteilung	A – J K – R S – Z (nach Kunden- name)	A – Z (nach Mitarbei- tername) (oder 001 – 030 ... nach Perso- nalnummern)	Aktuelle Ausgabe 2010 2009 2008

Was ist Ablage, was ein Archiv? Ablage sind die Unterlagen, Dateien und Dokumente, die zu einem erledigten Vorgang gehören. Auf diese Unterlagen greift man noch zu. Im Archiv sind abgeschlossene Unterlagen abgelegt, die man im Tagesbetrieb normalerweise nicht mehr benötigt. Aufgrund gesetzlicher oder interner Aufbewahrungsfristen werden sie nicht sofort, sondern zu einem späteren Zeitpunkt entsorgt. Der Aufbau eines Archivs ist in der Regel identisch mit der Ablage. Betrachten Sie die nachfolgenden Systeme bitte als Anregung. Sie können auch verschiedene Systematiken mixen.

Kleine Ablage? Numerisch und/oder farbig? Ihre Ablage ist klein und übersichtlich? So lange dies so bleibt, kann Ihre Ablage auch einfach gehalten sein. So gehen Sie vor:

1. Erstellen Sie eine PC-Liste aller Themen, mit denen Sie arbeiten, beispielsweise Finanzen, Personal, Veranstaltungen.
2. Erstellen Sie jetzt eine Tabelle, in der Sie für jeden Ordner eine Nummer vergeben, das Themenstichwort, eine eventuell abweichende Ordnerbeschriftung und den Standort.

Sie wollen nicht mit Zahlen arbeiten? Dann setzen Sie Farben ein. Beispielsweise habe ich bei meinen Ordnern folgendes Farbschema: Alles was mit administrativen Aufgaben zu tun hat, bekommt einen gelben Ordner und hat als übergeordneten Bereich das Kurzwort „Orga". Darunter fällt alles, was mit Rechnungen, Finanzamt, Schriftverkehr, Netzwerken, Öffentlichkeit usw. zu tun hat. Das sind die Unterbereiche. Mein Arbeitsgebiet „Training" ist in grauen Ordnern, aufgeteilt in die Unterbereiche Kommunikation, Büroorganisation, Präsentation, Burn-out usw. Die Ordner für mein Arbeitsgebiet „Coaching" sind türkis und alles rund um mein Arbeitsfeld „Schreiben" ist in roten Ordnern abgeheftet.

 Tipp

Eine Tabellenübersicht behagt Ihnen gar nicht? Bilden Sie die Ordnerübersicht als Mind Map ab. Die erste Ebene sind dabei die Bereiche, zum Beispiel Kunden. Die zweite Ebene bildet die Unterbereiche ab, beispielsweise Rechnungen und alle weiteren Abzweige sind die Feinaufteilungen, zum Beispiel die Buchstaben A bis K.

So wird die große Ablage zum perfekten Dokumentenmanagement. Ihre Ablage ist umfangreich und Sie wollen Zeit beim Abheften und Suchen sparen? Für die umfangreichere Ablage gibt es verschiedene Ablagesysteme, wie numerische, chronologische, nach Stichworten, geografische etc. Die numerische Ordnung ist für die meisten Belange die sinnvollste. Dazu erstellen Sie einen Aktenplan. Gehen Sie dazu Schritt für Schritt vor.

1. Notieren Sie die Namen aller Ordner, die Sie benutzen.
2. Fassen Sie die verschiedenen Bereiche zu Hauptgruppen oder -bereichen zusammen. Richten Sie maximal zehn Bereiche ein (0 – 9). Beispielsweise können die Begriffe

„Arbeitszeit", „Urlaub", „Bewerbungen" etc. unter dem Bereich „Personal" gesammelt werden. Im nachfolgenden Beispiel 1 erhält der Bereich „Personal" die Nummer 3.

3. Zwei Beispiele für einen Aktenplan:

Beispiel 1	Beispiel 2
0 Leitung	0 Organisation
1 Verwaltung	1 Finanzen
2 Finanzen	2 Kunden
3 Personal	3 Projekte laufend
4 Einkauf	4 Projekte abgeschlossen
5 Projekte	5 Werbung/Marketing
6 Vertrieb	6 Persönliches Archiv/Infothek
7 Öffentlichkeitsarbeit	7 Mitgliedschaften

4. **Nun erstellen Sie die dazugehörigen Unterbereiche und die Feinaufteilung.** Die Gliederung der Ziffern erstreckt sich von 00 bis 99. Das Beispiel in der Tabelle zeigt dies anhand der Hauptgruppe 2-Finanzen.

1. Bereich	2-Finanzen ↓		
2. Unterbereich	2-0 Bank ↓	2-1 Finanzamt ↓	2-2 Steuerberater ↓
3. Feinaufteilung	2-00 Schriftwechsel Bank 2-01 Daueraufträge, Einzugsermächtigungen 2-02 Kredite, Sicherheiten	2-10 Schriftwechsel Finanzamt 2-11 Umsatzsteuer	2-20 Schriftwechsel Steuerberater 2-21 Buchungsanweisungen, Kontenplan

Aktenplan für Kreative oder: Die historisch gewachsene"Ablage ordnen. Für Planer und linkshirndominante Menschen ist das beschriebene Vorgehen sicher kein Problem. Doch kreative Köpfe oder die eher rechtshirndominanten Menschen lieben es anders. Vielleicht möchten Sie auch als Team eine Ablage, die historisch gewachsen ist, gemeinsam neu strukturieren? Dann werden Sie kreativ-aktiv und gehen so vor:

1. Sammeln Sie alle Bezeichnungen der bestehenden Ordner und zwar auf kleinen Notizzetteln oder Post-its. Je Bezeichnung einen Zettel verwenden. Bei diesem Arbeitsschritt können alle im Team parallel arbeiten, dann geht das sehr schnell.
2. Alle Zettel auf einen Tisch legen. Eventuelle weitere Themen ergänzen.
3. Zettel zu übergeordneten Themenbereichen ordnen. Beispielsweise „Flyer", „Vorträge", „Webseite", „Newsletter" und „Plakate" zusammenlegen. Diese Themen können Sie zu einer Gruppe zusammenfassen und einen Arbeitstitel vergeben, zum Beispiel „Öffentlichkeitsarbeit" (auf einen größeren Zettel schreiben).
4. Jetzt legen Sie die Gruppen in eine sinnvolle Reihenfolge, beispielsweise nach der Bedeutung.
5. Schreiben Sie die Nummern 1, 2, 3 usw. groß auf den Zettel neben den Arbeitstitel. Jetzt steht Ihre Grobstruktur. Die Bezeichnung auf dem Zettel ist Ihre Einteilung für die Bereiche.

6. Je Bereich bringen Sie die Zettel in eine sinnvolle Reihenfolge und vergeben auch hier die Nummern 1, 2, 3 usw. Im obigen Beispiel wird daraus 1-Vorträge, 2-Webseite, 3-Newsletter, 4-Flyer und 5-Plakate (das sind die Unterbereiche).

7. Wenn bereits weitere Differenzierungen vorliegen, sind das die Stichworte für die Feinaufteilung innerhalb der Unterbereiche.

8. Jetzt ist Ihr Aktenplan fertig. Kleben Sie jede Gruppe mit Tesastreifen zusammen oder fotografieren Sie sie. Als nächstes werden die Bereiche und Unterbereiche in eine Tabelle übertragen oder in einem Mind Map dargestellt. Die Ordner werden neu beschriftet. Das Endprodukt sieht dann in unserem Beispiel so aus:

3-Öffentlichkeitsarbeit
   3.1 Vorträge
   3.2 Webseite
   3.3 Newsletter
   3.4 Flyer
   3.5 Plakate

Tipp

Papier- und EDV-Ablage identisch halten. Verwenden Sie die Ziffern auch bei Ihren elektronischen Ordnern. Mit der Codierung über die Ziffern arbeitet man auch im Explorer sehr schnell. Wenn Sie mehr als neun Ordner oder Unterordner haben, sollten Sie den Ziffern die „0" voranstellen, also 01-Vorträge, 02-Webseite. Der Explorer ordnet automatisch nach Ziffern und entsprechend heißt eine Explorer-Reihenfolge ab der Ziffer 10 nicht mehr 1, 2, 3 usw. sondern 1, 11, 12, 13, 2, 3, 4 usw., durch die Null vorweg wird es logisch richtig dargestellt.

Punkten Sie mit einer Farbcodierung. Hier noch eine Anregung für ein Farbsystem, das auch während Ihrer Abwesenheit vom Team, einer Vertretung und Ihrem Chef intuitiv bedient werden kann. Verwenden Sie farbige Ordner oder schwarze Ordner mit farbigen Beschriftungsfeldern. So sehen Sie sofort, wenn ein Ordner in ein falsches Themengebiet zurückgestellt wird.

Die Farben vergeben Sie nach eigenem Ermessen und durchgängig, beispielsweise auch für Hängemappen. Hier noch einmal eine konkrete Anregung für Farbsysteme. Rot ist alles, was mit Kunden zu tun hat: Angebote, Rechnungen, Verträge usw. Blau für alles rund um das Thema Marketing, zum Beispiel Unterlagen zur Webseite, Flyer, Messen etc. Grün steht für Personal, also Mitarbeiterdaten, Arbeitsverträge, Mitarbeitergespräche etc. Gelb wird für das Thema Geschäftsführung genutzt, beispielsweise für Strategiepapiere, Steuerunterlagen etc.

 Tipp

Damit nichts falsch zurückgestellt wird. Ärger gibt es oft, wenn Ordner nicht an den richtigen Platz zurückgestellt werden. Nehmen Sie dünnes Klebeband (nennt sich meist Gewebeband, zum Beispiel für Isolierarbeiten, unterschiedliche Breiten und Farben). Setzen Sie im Regalfach an dem ganz linken Ordner unten links mit dem Klebeband an und ziehen Sie es in einer diagonalen Linie über alle Ordner des Faches hinweg bis zum rechten oberen Rand des rechten Ordners des Regalbodens. Jetzt brauchen Sie mit einer Schere nur noch an den Zwischenräumen der Ordner das Klebeband kappen. Wird der Ordner an der falschen Stelle im Regal untergebracht, ist die Linie unterbrochen. Der weitere Tipp einer Kollegin lautet: Verfahren Sie bei der Hängeregistratur genauso. Die Reiter versetzt einhaken, dann sieht man auch dort sofort, wo eine Akte falsch eingehängt wurde.

Wie Ihr Archiv Sie nicht länger beunruhigt. Vorgänge, die abgeschlossen sind, erhalten einen Platz im Archiv. Dabei ordnen Sie die Archivakten nach den gleichen Ordnungsprinzipien und Begriffen wie für die Ablage. Die Archivunterlagen werden dann in Bezug auf Aufbewahrungs- und/oder Wegwerffristen (gesetzlich, firmenintern) gecheckt, dazu später mehr. Überprüfen Sie grundsätzlich, ob die Papiere oder Dateien aufbewahrt werden müssen. Alles, was Sie gleich wegwerfen können, spart Energie und Zeit in der Zukunft. Bei personenbezogenen oder sensiblen Daten denken Sie an den Einsatz des Aktenvernichters.

Archivschachteln und Archivcontainer. Möglicherweise ist es sinnvoll, statt Ordnern ein Archivsystem einzusetzen.

Variante 1: Statt den kompletten Ordner wegzustellen, entnehmen Sie lediglich den Inhalt und legen ihn in kostengünstigere Archivschachteln als Loseblatt-Ablage. Der Ordner kann erneut verwendet werden. Das Ordner-Rückenschild aus dem Ordner auf die Archivschachtel kleben oder per Hand beschriften.

Variante 2: Sie verstauen den kompletten Ordner in einem Archivcontainer. Die Container sind stapelbar. Die Archiv-Variante aus Pappe gibt es auch zur Archivierung von Stehsammlern und Hängeregistratur.

Elektronische Unterlagen wandern ebenfalls ins „Archiv". Das kann ein Ordner „Archiv" auf der Festplatte (PC oder Server) sein. Oder Sie richten eine separate Partition „Archiv" ein. Möglich ist auch eine zweite Festplatte für das Archiv. Alternativ richten Sie ein Archiv auf einer externen Festplatte oder einem separaten Server ein. Besonders platzsparend wäre die Ablage der Dokumente als PDF-Dokument. Damit wären Sie zudem unabhängig von unterschiedlichen Versionsständen der Anwendungssoftware. Wenn Sie allerdings viel Arbeitszeit investieren müssten für das Umwandeln in PDF, überprüfen Sie die Gleichung „Datenplatz versus Arbeitszeit". Überprüfen Sie auch die Möglichkeit, ein professionelles Dokumentenmanagementsystem einzusetzen.

So bringen Sie Ihre Papierablage in Form

In diesem Abschnitt geht es um die Beschriftung und das Innenleben der Ordner. Vermeiden Sie die folgenden Ablagefehler. Es lohnt sich, diese Fehler sofort zu beheben.

Schwachstelle	Abhilfe	✓
Die Beschriftung ist nicht eindeutig.	Verwenden Sie eindeutige Begriffe wie „Angebote", „Rechnungen", „Personal" etc. Verwenden Sie zusätzlich die Unterbereiche zum Beispiel „Flyer", „Veranstaltungen". Als dritte Unterteilung Jahreszahlen oder Buchstaben wie A – G, H – N usw.	
Die Beschriftung fehlt oder ist nicht einheitlich.	Einheitliche Ordner und Ordner-Rücken, bei denen die wichtigsten Informationen sofort prägnant ins Auge springen. Verwenden Sie entweder ein Beschriftungsgerät oder den PC. Wenn Sie eine lesbare Handschrift haben, natürlich auch handschriftlich. Verwenden Sie immer den gleichen Stift (Farbe, Breite).	
Die Unterteilungen fehlen oder sind zu grob.	Nutzen Sie Register und/oder Trennstreifen.	

Wie ist Ihr Ordner innen aufgeteilt? In den meisten Büros sind sie immer noch die Könige der Ablage: die Ordner. Es gibt sie in vielen Farben und Materialien. Am häufigsten eingesetzt sind Ordner für DIN A4-Material. Üblich sind breite (circa 500 Blatt) und schmale Ordner (circa 300 Blatt). Für die innere Ordnung gibt es eine Reihe an Hilfsmitteln, die sogenannten Register – beschriftet oder unbeschriftet, Papier/Karton oder Kunststoff, in unterschiedlicher Breite.

• Register mit Beschriftungen, beispielsweise mit A – Z, Jan. – Dez., 1 – 5, 1 – 10, 1 – 31.
• Register ohne Beschriftung für den individuellen Eintrag.
• Trennblätter zum Zuschneiden und zur individuellen Beschriftung.

- Auf Heftstreifen werden mehrere Blätter abgeheftet und dann im Ordner abgelegt.
- Klemmschienen, um lose Blätter abzuheften.
- Abheftschienen zum Abheften von Prospekten und Katalogen.

Tipp

Verwenden Sie überall die gleiche Bezeichnung. Die Bezeichnung der Register sollte einheitlich sein bei Projekt-, Kunden- und Personalordnern. So haben Sie sofort eine Struktur, wenn Sie ein neues Projekt anlegen. Wenn die Bezeichnung der Register identisch ist mit der Bezeichnung der Unterordner in Ihrer EDV-Ablage, dann ist das top!

Warum Sie nie auf ein Inhaltsverzeichnis im Ordner verzichten sollten. Tun Sie sich selbst, Ihrem Chef, dem Team und einer Urlaubsvertretung den Gefallen und legen Sie für jeden Ordner ein standardisiertes Inhaltsverzeichnis an. Wenn Sie ein völlig neues Thema anlegen und die einzelnen Bereiche noch nicht absehen können, beginnen Sie ein gut lesbares, handschriftliches Inhaltsverzeichnis, das Sie später übertragen.

Nachfolgend sehen Sie ein Beispiel für ein Ordner-Inhaltsverzeichnis. Darin enthalten sind Datum und Zeichen für das Anlegen des Ordners und das Überführen ins Archiv sowie das Datum, zu dem die Aufbewahrungsfrist endet sowie die dazugehörende rechtliche Grundlage.

Ordner-Inhaltsverzeichnis

Rechnungen 2011

1. Belege Eingang
2. Belege verbucht
3. Rechnungen Eingang
4. Rechnungen verbucht
5. Außenstände
6. Mahnungen
7. Aufträge
8. Lieferscheine
9.
10.

Ordner angelegt/Zeichen	01.01.2011/Nä
Ordner ins Archiv/Zeichen	31.12.2011
Aufbewahrungsfrist endet	31.12.2021

(1) **1** Nach § 14 b Abs. 1 UStG hat der Unternehmer aufzubewahren:

- ein Doppel der Rechnung, die er selbst oder ein Dritter in seinem Namen und für seine Rechnung ausgestellt hat,
- alle Rechnungen, die er erhalten oder die ein Leistungsempfänger oder in dessen Namen und für dessen Rechnung ein Dritter ausgestellt hat.

(2) **1** Die Aufbewahrungsfrist beträgt zehn Jahre und beginnt mit dem Ablauf des Kalenderjahres, in dem die Rechnung ausgestellt wird.

2 Die Aufbewahrungsfrist läuft jedoch nicht ab, soweit und solange die Unterlagen für Steuern von Bedeutung sind, für welche die Festsetzungsfrist noch nicht abgelaufen ist (§ 147 Abs. 3 Satz 3 AO).

(6) **1** Die Rechnungen müssen über den gesamten Aufbewahrungszeitraum lesbar sein.

2 Nachträgliche Änderungen sind nicht zulässig.

3 Sollte die Rechnung auf Thermopapier ausgedruckt sein, ist sie durch einen nochmaligen Kopiervorgang auf Papier zu konservieren, das für den gesamten Aufbewahrungszeitraum nach § 14 b Abs. 1 UStG lesbar ist.

4 Dabei ist es nicht erforderlich, die ursprüngliche, auf Thermopapier ausgedruckte Rechnung aufzubewahren.

124

Achten Sie darauf, dass Sie Aufbewahrungsfristen vergeben. Das können sowohl gesetzliche als auch firmeninterne Vorgaben sein.

 Tipp

Vorlage Ordner-Deckblatt downloaden. Laden Sie sich mein Inhaltsverzeichnis für den Ordner wahlweise als PDF- oder als Word-Datei von meiner Webseite *www.wera-naegler-buch.de* mit dem Kennwort *rugiwo68* herunter.

Kennen Sie die gesetzlichen Aufbewahrungsfristen? Der Gesetzgeber hat die Aufbewahrung von Unterlagen im Handels- und Steuerrecht geregelt. Für Kaufleute gelten die §§ 238, 239, 257–261 HGB. Wer nach § 140 ff. der Abgabenordnung (AO) oder nach anderen Steuergesetzen Bücher oder sonstige Aufzeichnungen zu führen hat, muss die Aufbewahrungsvorschriften der §§ 146, 147 AO beachten. Geschäftsunterlagen sind meist zehn oder sechs Jahre aufzuheben. Durch andere Steuergesetze können auch kürzere Fristen zugelassen sein. Informieren Sie sich, wie lange wofür in welcher Form die Aufbewahrungsfristen in Ihrem Business gelten. Die meisten IHKs bieten Merkblätter dazu an.

Vernachlässigen Sie nicht den Explorer

Ich empfehle, das Ordnungssystem Ihrer Papierablage möglichst 1:1 auf die EDV zu übertragen. Unabhängig davon, ob dies für einen Einzel-PC geschieht, ob die Daten zentral auf dem Server bearbeitet werden oder ob die Daten im Internet abgelegt sind. Eine übersichtliche, gut strukturierte Dateiablage spart Arbeit, Zeit und Nerven.

Sind diese fünf Ordner für Ihre Dateiablage sinnvoll? Dieses System gibt eine klare Struktur für Ordner und Dokumente auf dem PC. Die fünf Ordner auf der ersten Ebene sind:

1-Aktuelles: Für laufende Dokumente und Unterlagen wie Projekte, Kunden, Aufträge, Schriftverkehr usw.

2-Zugriff: Hier sind selten benötigte Dokumente wie abgeschlossene Projekte und Hintergrundinformationen.

3-Archiv: Dies sind endgültig abgeschlossene Unterlagen, die allerdings noch aufbewahrt werden müssen, zum Beispiel Steuerunterlagen, Rechnungen, beendete Projekte, Verträge.

4-Infothek: Legen Sie hier Informationen, Richtlinien, Vorgaben und eventuell Fachhinweise etc. in einer entsprechenden Feinunterteilung ab.

5-Vorlagen: Hier sind Vorlagen, Checklisten und Formulare einsortiert.

Die Feineinteilung könnte so aussehen:

1. Bereich	1-Aktuelles ↓	
2. Unterbereich	3-Marketing ↓	
3. Feinaufteilung	1_Vorträge 2_Webseite 3_Newsletter 4_Flyer 5_Plakate	sowie weitere Feinaufteilung, z. B. jährlich oder nach Aktionen

Ein Flyer hätte dann beispielsweise einen solchen Pfad: 1-Aktuelles > 3-Marketing > 4_Flyer > 2011 > Flyer-Einweihung_110329.pdf

Tipp

Legen Sie leere Dummy-Ordner an. Sie haben für bestimmte Dateiordner eine Unterordner-Struktur geschaffen, die sich wiederholt? Dann erstellen Sie einmalig alle Unterordner und legen Sie die leeren Ordner in Ihrer Vorlage ab. Für das nächste Projekt wird eine Kopie erstellt, Projektname benannt und das Projekt kann starten.

Vergeben Sie eindeutige Dateinamen. Sie können sich ein eindeutiges Beschriftungssystem für Ihre Dateien selbst überlegen. Hier einige Anregungen für Sie:

- Setzen Sie den Dateinamen aus verschiedenen Gliederungen zusammen, wie Name_Thema_Datum, Beispiel: Baumann_Angebot_101104 (an Kunden Baumann ein Angebot vom 4.11.2010)
- Setzen Sie zur Abtrennung Unterstriche _ ein oder Bindestriche -.
- Vergeben Sie das Datum nach dem Format „Jahr-Monat-Tag". Wenn Sie unterschiedliche Versionsstände einer Datei haben, werden diese damit chronologisch angeordnet. Das kann so aussehen: name_10-11-04 (das wäre der 4.11.2010) oder name_101104. Verwenden Sie nicht die umgekehrte Schreibweise _04-11-10, denn dann werden die Dateinamen im Explorer nicht nach Datum sondern nach Ziffern sortiert. Verschiedene Versionsstände einer Datei sind dann auseinandergerissen und Sie sehen nicht sofort, welches die aktuelle Version ist.

So führen Sie die neue elektronische Ablagestruktur ein. Legen Sie auf Ihrem PC oder dem Server das neue System aus Ordnern und Unterordnern an. Wichtig ist, dass Sie auf jeden Fall die erste Ordnerebene und die Unterordner einrichten.

127

Bitte verwenden Sie dabei sofort die neuen Bezeichnungen. Dann legen Sie einen Stichtag fest, an dem Sie auf das neue Ablagesystem umstellen. Jetzt können Sie natürlich in einer sehr aufwendigen Hauruck-Aktion alles neu einrichten. Die meisten Datenbestände sind dafür jedoch zu groß. Verzichten Sie darauf, die gesamte vorherige Struktur umzubenennen. Sobald Sie aus der alten Dateiablage Dokumente benötigen, benennen Sie sie nach dem neuen System um. So haben Sie wahrscheinlich in den nächsten vier bis sechs Monaten Ihr Dateisystem größtenteils in das neue System überführt. Wenn Sie sich entschließen, das Datum in den Dateinamen zu integrieren, dann seien Sie konsequent in der Anwendung. Nutzen Sie notfalls eine Zeit lang ein Post-it, auf dem die richtige Reihenfolge steht. Überführen Sie möglichst viele Unterlagen am Ende des Jahres (in der alten Variante) in das Archiv. Im neuen Jahr müsste dann alles auf „neu" stehen.

Den Explorer finden Sie langweilig und unübersichtlich?

1. Geben Sie Ihren Dateiordnern Farbe. Es gibt Freeware, mit der Sie Dateiordner einfärben können, beispielsweise Folder Color, etwa hier zum downloaden: *www.freeware.de/download/folder-color-icon-set_31585.html*. Die Farben übernehmen Sie am besten nach dem Farbschema, das Sie für Papierordner oder Klarsichthüllen festgelegt haben bzw. bestimmen für Ihre Dateiordner ein neues System.

2. Die üblichen Ordner-Symbole sind Ihnen zu öde? Beispielsweise bei Windows gibt es Alternativen, die Sie vielleicht gar nicht kennen. Klicken Sie mit der rechten Maustaste auf den Ordner, den Sie aufpeppen möchten. Jetzt klicken Sie auf Eigenschaften > Anpassen > Schaltfläche „Anderes Symbol" und schon werden Sie fündig. Falls Sie sich „verspielt" haben, können Sie den Normalzustand wiederherstellen.

3. Die erweiterten Windows-Symbole sind Ihnen auch zu langweilig? Dann nutzen Sie kostenfreie Lösungen, um normale Ordner durch auffällige Symbole zu ersetzen. „24×24 Free Button Icons" ist so ein Beispiel, Sie finden es hier: *www.freeware.de/download/24x24-free-button-icons_43030.html*. Es gibt auch andere Software von anderen Herstellern, als Freeware oder auch kostenpflichtig.

Die Zukunft ist schon da: Server und Cloud Computing

Für viele Büromenschen ist das Arbeiten auf dem Firmenserver statt auf dem Einzel-PC schon Normalität. So arbeiten alle im Team mit einer Dateiablage, auf die alle mit entsprechender Berechtigung zugreifen können. Es entsteht ein zentraler Ort. Das entspricht dem vernetzten und projektorientierten Arbeiten mehr als die Einzelkämpfervariante. Zentrale Dateien haben zudem den Vorteil, dass Dokumente nicht mehrfach abgelegt oder parallel in unterschiedlichen Versionsständen be arbeitet werden.

Dokumentennamen können erweitert werden. Hier bieten sich standardisierte Kürzel für Projekte oder Mitarbeiter-Namen an. Statt Name_Thema_Datum würde es beispielsweise lauten Projektkürzel-Mitarbeiterkürzel_Name_Thema_Datum, als Beispiel: P10-5_Nä_Baumann_Angebot_101104. Das verstehen dann nur Insider, aber auch nur die benutzen das System.

Alles ist in den Wolken. Cloud Computing ist eine Steigerung des zentralen Zugriffs auf den Firmenserver: Die Verlagerung aller Anwendungen (das sind die Programme/Software) und Daten auf Zentralserver im Internet. Dort sind für alle Berechtigten Zugriffe per Handy oder PC möglich, also vom Firmen-PC, von zu Hause aus, vom Notebook unterwegs, mit dem Handy und sonstigen mobilen Geräten. Unabhängig vom Für und Wider: Wenn in Ihrem Arbeitsbereich Cloud Computing eingesetzt wird oder zukünftig eingesetzt werden soll, ist eine klare und eindeutige Ablagestruktur Grundbedingung. Ein „Ich leg' das nach Bauchgefühl mal in dem Ordner ab" geht definitiv nicht mehr. Auch für Solounternehmer, die der mobile oder to go-Typ sind, ist Cloud Computing eine attraktive Lösung.

Ihr E-Mail-Postfach ist kein Archiv

Wie handhaben Sie E-Mails, die keine weitere Aktion erfordern? Entweder löschen oder archivieren und später löschen. Mein bester Tipp lautet: Bevorzugen Sie das Löschen vor dem Ablegen und Archivieren. Wenn Sie Ihre E-Mails direkt über Ihren Provider abwickeln, werden Sie bedingt durch die begrenzte Postfachgröße regelmäßig löschen.

Mit E-Mail-Software wird viel „Mail-Hamsterei" betrieben! Bei dem Bearbeiten von E-Mails mit MS Outlook, Lotus Notes und anderen können Sie eine Arbeitsstruktur wie mit Ihrer elektronischen Ablage oder Papierunterlagen anlegen. Versendete Mails zum Thema „Personal" finden sich mit den empfangenen Antwort-Mails im Ordner „Personal" > Unterordner „Betriebsrat". Der E-Mail-Schriftverkehr ist so thematisch zusammengefasst. Ihr Postfach ist immer übersichtlich, was Ihnen die aktuelle Arbeit erleichtern wird. Was die meisten dabei übersehen: Alles ist aufgeräumt, alle Mails sind „hübsch" weggepackt, doch unbemerkt sammelt sich eine riesige Datenmenge im E-Mail-Postfach an!

Löschen Sie Ihre E-Mails. Checken Sie Ihr E-Mail-Postfach samt Unterordner regelmäßig und löschen Sie Erledigtes. Wenn Sie dies stets tun, beispielsweise am Wochen- oder Monatsanfang, bleibt Ihr E-Mail-Postfach übersichtlich. Statt manuell vorzugehen, können Sie das durch Ihr E-Mail-Programm erledigen lassen. Outlook bietet die Funktionen „Mails älter als xy Monate löschen" an. Dann wird allerdings wirklich alles nach Datum gelöscht, auch E-Mails, die Sie noch aufbewahren müssen oder die zu Vorgängen gehören, die noch nicht abgeschlossen sind; hier ist Vorsicht geboten.

Warum die E-Mail-Ablage nicht im E-Mail-Postfach erfolgen sollte. Sie werden bestimmte E-Mail-Vorgänge aufbewahren wollen, die zu abgeschlossenen Vorgängen gehören. Wenn Sie diese Mails im Postfach belassen, wird es erstens unübersichtlich und zweitens langsam. Es gibt Unternehmen, in denen Systemadministratoren Zwangslöschungen vornehmen, weil die Mailsysteme durch die Datenmengen fast zum Erliegen kommen. Grundsätzlich gehören abgeschlossene, aber noch aufzubewahrende Mails in die normale Dateiablage und nicht in Ihr Mail-Programm. Wenn es zu diesen Mails noch andere Dateien auf dem PC gibt, dann führen Sie alles zusammen. Für die Ablage von E-Mails schlage ich Ihnen folgendes vor:

1. Legen Sie in Ihrem E-Mail-Postfach einen Ordner „Ablage" an, beispielsweise „Ablage_2011".
2. Dieser Ordner ist für die abzulegenden Mails des aktuellen Geschäftsjahres.
3. Erstellen Sie in diesem Ablageordner thematische Unterordner.
4. Wählen Sie Ordnernamen, die möglichst identisch sind mit den elektronischen Ordnern aus der Dateiablage und dem Papier-Ablagesystem.
5. Sind Vorgänge erledigt, legen Sie die Mails (empfangene und versendete) in die entsprechenden Unterordner in „Ablage_2011" ab.
6. Sofort oder spätestens am Jahresende stellen Sie die Mails und E-Mail-Ordner in das Archiv auf dem Explorer.

Tipp

Worddatei und E-Mail gemeinsam im Explorer. Sobald ein Projektvorgang abgeschlossen ist, können Sie alle noch abzulegenden E-Mails aus dem E-Mail-Postfach in das Dateisystem überführen.

1. Markieren Sie dazu den kompletten E-Mail-Ordner oder einzelne Mails.
2. Ziehen Sie den E-Mail-Ordner mittels „drag & drop" mit festgehaltener Maus in den entsprechenden Projektordner in Ihrem Explorer. So sind E-Mail-Ordner oder einzelne E-Mails zwischen Ordnern, Word- und Excel-Dateien sichtbar.
3. Die Originalmail muss anschließend noch manuell im Mail-Posteingang gelöscht werden.

Wie archivieren Sie E-Mails? Seien Sie geizig mit dem Platz, den Sie zur Archivierung von E-Mails zur Verfügung stellen. Prüfen Sie die Mails wiederum nach gesetzlichen oder unternehmensinternen Vorschriften zur Aufbewahrung von Daten. Wie bei der elektronischen Archivierung ergänzen Sie auch hier Ordnernamen, um das Archivierungsdatum der Zukunft anzugeben. Stellen Sie dazu das Wegwerfdatum vor den Ordnernamen und zwar in der Reihenfolge Jahr-Monat. Das sieht dann so aus: „2015-01_Personal". Das heißt übersetzt: Diesen Ordner Personal im Januar 2015 löschen. Es bietet sich an, die E-Mails in die thematischen Ordner im Explorer zu den Word-, Excel- und sonstigen Dateien zu stellen. So haben Sie alle Vorgänge zu einem Thema oder Projekt oder Jahr zusammen. Auch hier denken Sie bitte daran, nach dem Verschieben in den Explorer den E-Mail-Ordner in Ihrem Outlook-Postfach noch manuell zu löschen.

Tools, um E-Mails abzulegen. Auch in Bezug auf E-Mail-Ablage und -Archivierung gibt es ausgereifte Software. Sowohl Freeware als auch kostenpflichtige Programme ermöglichen das Archivieren von Mails. In der Regel kommt die Archivierungssoftware mit allen gängigen Software- und Provider-Mail-Programmen zurecht. E-Mails und Dateianhänge lassen sich durchsuchen und in andere Programme exportieren. Die E-Mails können zu jeder Zeit und ohne Informationsverlust aus der Archivierungssoftware heraus wiederhergestellt werden zur erneuten Verwendung im E-Mail-Programm, also beispielsweise in Outlook.

Jetzt sind Sie dran: Ablage und Archiv

Das waren viele Hinweise und Beispiele, wie Ablage und Archiv, wie Papier und elektronische Unterlagen zu ordnen und zu verwalten sind. Identifizieren Sie nun, in welchem Bereich Sie noch Optimierungsbedarf sehen.

Checkliste: Ablage und Archiv – alles im Griff?

Bereich Papier oder elektronisch	brauche ich	✓
Papierablage wird benötigt		
Papierablage mit ausreichender Differenzierung angelegt		
Papierablage wenn gewünscht mit Nummern- und/ oder Farbsystem		
Archiv wird benötigt		
aufbewahrt wird nur, was aufbewahrt werden muss		
gesetzliche oder firmeninterne Aufbewahrungsfristen sind bekannt		
Archivbox oder Container werden statt Ordner zum Archivieren eingesetzt		
Ordner/Hängemappen etc. sind eindeutig und systematisch beschriftet		
Inhaltsverzeichnis für Ordner sind als Standard definiert		
Register und Trennblätter sorgen im Ordner für Übersicht		
Explorer und Dateiablage sind sinnvoll strukturiert (PC, Server, Cloud)		
elektronische Ordner und Unterordner sind an die Papierwelt angepasst		

elektronische Namen werden nach definiertem Standard erstellt		
Wegwerffristen werden beachtet und sind gegebenenfalls im Dateinamen enthalten		
erledigte elektronische Vorgänge kommen in ein Archiv oder werden gelöscht		
erledigte Mailvorgänge werden entweder gelöscht oder archiviert – dann außerhalb des E-Mail-Postfachs		
Zusammenführung aller elektronischer Daten bei der Archivierung		

Nutzen Sie dazu die Checkliste oder halten Sie Ihre Ideen an anderer Stelle schriftlich fest. Entscheidend für Ihren Erfolg ist aber, dass Sie es wirklich aufschreiben. So können Sie viel leichter zu einem für Sie passenden System finden und auch viel leichter Schritt für Schritt Ihre Ideen umsetzen.

Dabei wünsche ich Ihnen viel Erfolg!

Zusammenfassung für eilige Leser

1. Stimmen Sie die Bezeichnungen Ihrer Papier- und elektronischen Ablage aufeinander ab.
2. Verwenden Sie für die Ablage (auf diese Unterlagen greifen Sie noch zu) und das Archiv (erledigte Vorgänge) ein identisches Ordnungssystem.
3. Organisieren Sie Ihre gesamten Vorgänge nach dem Prinzip Bereich → Unterbereich → Feinaufteilung.
4. Arbeiten Sie nach Möglichkeit mit Ziffern für die Bereiche und/oder mit Farbcodierung, um eine intuitive Arbeitsweise zu ermöglichen.
5. Schaffen Sie in Ordnern sinnvolle Strukturen durch Register bzw. auf dem PC durch Unterordner.
6. Erstellen Sie ein Inhaltsverzeichnis für Papier-Ordner – am besten gleich mit Wegwerfdatum.
7. Vergeben Sie auf dem PC eindeutige Datei- und Ordnernamen, die das aktuelle Datum bzw. das Wegwerfdatum bereits im Dateinamen enthalten.
8. Entrümpeln Sie regelmäßig Ihre Ordner und Ihren PC einschließlich E-Mail-Postfach.
9. E-Mails werden über den Explorer im Dateisystem archiviert.
10. Bringen Sie Projektdateien aus dem Explorer sowie den E-Mail-Schriftverkehr zusammen.

7.
So nutzen Sie das Potenzial von Ideen und Notizen

Eine Idee ist Ihr persönlicher, kreativer Geistesblitz. Eine Notiz ist eine schriftliche Gedankenstütze oder Dokumentation zu einem Sachverhalt. Beim Organisieren von Ideen und Notizen gibt es Überschneidungen: Aufschreiben, damit nichts verloren geht und damit das jeweils an einem Ort gesammelt wird. Selten reicht es aus, Ideen zu haben oder Notizen (zum Beispiel zu einem Gespräch) zu erstellen und weiter nichts damit anzufangen. Aus Ideen oder Notizen ergeben sich Aufgaben oder Projekte und zuletzt erfolgt entweder die Ablage oder das Entsorgen.

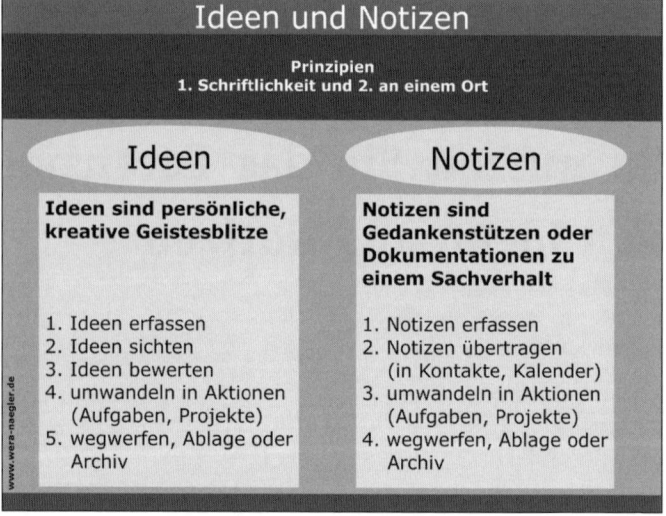

Abbildung 8: Ideen und Notizen

138

So geht keine Idee verloren

Wir denken täglich 50.000 Gedanken, ob wir wollen oder nicht. Und manchmal kommt uns ganz plötzlich ein richtig guter Gedanke – eine Idee. Doch ungünstigerweise sitzen wir gerade mit einem Kunden zusammen, recherchieren in einer ganz anderen Sache oder sind im Auto unterwegs. Sicher wissen Sie, was passiert, wenn Sie denken: „Jetzt nicht, damit beschäftige ich mich später." Später ist die Idee nur vage und unvollständig oder gar nicht mehr vorhanden. Andererseits ist es nicht immer möglich, die Idee sofort weiterzuverfolgen. Deshalb brauchen Sie einen einzigen Ort, an dem Sie Ihre Ideen sammeln. Das kann eine „Schatztruhe" oder ein „Ideenbuch" sein.

Ideen sammeln in der „Schatztruhe". Besorgen Sie sich ein Kästchen, das Sie im Büro platzieren. Gut geeignet sind Geschenkkartons, da sie einen Deckel haben. Es gibt sie in unterschiedlichen Größen.

 Tipp

Eine echte Schatztruhe. Wenn Sie Kinder haben, lassen Sie sich von den Kindern aus einem Schuhkarton eine richtig tolle Schatztruhe für Ihre Geistesblitze basteln.

Wann immer Ihnen eine Idee kommt, nehmen Sie sich einen Zettel, notieren Sie sich die nächsten Schritte und hinein damit in die Schatztruhe. Wenn Sie der mobile oder to go-Typ sind, stecken Sie sich einen handlichen Abreißblock in die Tasche und notieren Sie dort sofort den Geistesblitz. Wem im Auto gute Ideen zufliegen, könnte ein Diktiergerät, Handy oder den MP3-Player mit Aufnahmefunktion nutzen. Es gibt fürs Auto auch Miniblöcke mit Stifthalter (für beide Varianten kurz anhalten). Ein Stichwort reicht meist aus und es ist wieder Ruhe im Gehirn. Später im Büro kommt der Zettel in die Schatztruhe, wenn Sie die Idee erst einmal nicht weiterverfolgen können.

Ideen sammeln im Ideenbuch. Kaufen Sie sich ein Schreibbuch in gewünschter Größe. Das kann DIN A4 oder DIN A5 sein. Im Büro hat es einen festen Platz und es eignet sich zum Mitnehmen. Jede Idee, die wann und wo auch immer auftaucht, schreiben Sie zukünftig in dieses Ideenbuch, das ist der feste Ort für Ideen. Hier noch einige hilfreiche Kniffe, damit Sie die Übersicht behalten.

- Beginnen Sie je Thema eine neue Seite, und zwar mit der jeweils linken Seite.
- Ziehen Sie als erstes oben eine waagerechte durchgezogene Linie: Darauf notieren Sie das Thema, Datum und die Uhrzeit.

- Unterhalb der Linie notieren Sie alles, was Ihnen im Moment als Idee einfällt. Vielleicht mit kleiner Skizze? Kritzeln Sie ruhig ein bisschen herum, unterstreichen Sie, verbinden Sie mit Pfeilen. Das Ideenbuch ist kein Heiligtum, hier ist alles erlaubt.
- Ergänzen Sie einige Stichworte, wie der nächste Schritt aussehen würde.
- Ziehen Sie eine Schlusslinie und notieren Sie die Uhrzeit, um diesen Eintrag zu beenden.

Tipp

Schaffen Sie mehr Übersicht im Ideenbuch. Lassen Sie jeweils außen einen breiteren Rand (senkrechte Linie ziehen). Hier können Sie mit einigen Symbolen sehr schnell Ordnung schaffen. Ich verwende beispielsweise: ein eingekreistes A für Aufgabe = in To do-Liste übertragen // @ = Mail // ? = das ist fraglich // ! = erledigen // eine gemalte Lupe = recherchieren. Jede neue Idee erhält eine fortlaufende Nummer: Sie steht direkt vor dem Thema und ist eingekreist. So kann ich beim Übertragen in meine To-do-Liste die Nummer dazuschreiben und finde später die richtige Stelle. Falls sich die neue Idee auf eine frühere Idee bezieht, zeichne ich aus der eingekreisten Nummer einen Pfeil nach links und schreibe davor die Nummer der ersten Idee. Dann steht im Hauptkreis beispielsweise „23" und im Pfeil darunter, der nach links zeigt, die „6" und damit bezieht sich Idee 23 auf Idee 6.

Wenn Sie statt Papier die elektronische Variante der Ideensammlung bevorzugen, lesen Sie die Anregungen zur Software, die ich zum Thema Notizen vorstelle (siehe ab Seite 147).

Was tun bei Ideen-Flut und was bei Ideen-Flaute?

Manchmal raucht einem vom Tagesgeschäft der Kopf – und gerade jetzt müsste man eine kreative Idee für eine Rede oder eine Kundenveranstaltung aus dem Hut zaubern. Damit tun sich gerade linkshirndominante Menschen etwas schwer. Der Bildschirm oder das weiße Blatt wird zum unüberwindbaren Hindernis, der Verstand steuert wenig hilfreich „Mir fällt nichts ein" bei. Ich verrate Ihnen vier Schritte, wie Sie Ideen entwickeln können:

1. **Definieren Sie die Aufgabe präzise und auf den Punkt**
   Notieren Sie für die Aufgabe einen Satz, der das Problem oder das Ziel exakt wiedergibt. Wenn der Satz auf die Rückseite Ihrer Visitenkarte passt, haben Sie den Auftrag konkret, kurz und prägnant formuliert.

2. **Ideen sammeln**
   Sie brauchen Stift, Zettel und eine Uhr. Legen Sie das Blatt quer. Nun schreiben Sie fünf Minuten lang ununterbrochen und ohne Überlegung alles auf, was Ihnen zum Thema einfällt. Schreiben Sie so viele Schlagwörter wie möglich kreuz und quer auf. Stoppen Sie das Schreiben nicht. Lesen Sie Ihre Beiträge nicht. Hören Sie nicht auf zu schreiben, bis die Zeit um ist. Selbst die verrücktesten Einfälle sollten Sie aufschreiben. Wenn Ihnen nichts mehr einfällt, schreiben Sie auf den Zettel „Was noch?"

3. **Ideen auswerten**
   Markieren Sie nun die Schlagwörter, die Ihnen am wichtigsten erscheinen. Unterstreichen Sie oder kreisen Sie ein. Besonders wichtige Ideen werden besonders gekenn-

zeichnet. Formulieren Sie daraus einen Kernsatz. Wenn es mit dem Formulieren hakt: Schreiben Sie Ihre wichtigsten Stichwörter einzeln auf Zettelchen. Schieben Sie sie dann auf Ihrem Tisch so lange hin und her, bis sich ein Satz bildet. Oder Sie bitten Kollegen zum „Puzzeln" dazu.

4. Lassen Sie sich weiter anregen
Geben Sie Ihre Haupt-Schlagworte in eine Suchmaschine ein. Lesen Sie oberflächlich in die Suchergebnisse hinein, leihen Sie sich neue Begriffe, Formulierungen, Verknüpfungen und Anregungen. Lassen Sie die Augen locker über die Einträge kreisen, notieren Sie sich interessante Begriffe.

 Tipp

Teufelchen spielen. Sammeln Sie negative Ideen, die Sie anschließend ins Positive umkehren. Beispielsweise wenn Sie das nächste Mailing planen und unter Kreativstau leiden. Stellen Sie sich die Frage: „Womit langweilen und vergraulen wir auch die letzten unserer Kunden?" Die Umwandlung der negativen Aspekte ins Positive bringt bestimmt frische Ideen.

Ideen locken – nicht nur für Selbstständige. Besonders Solounternehmer haben neben dem Tagesgeschäft auch Aufgaben wie Marketing und Akquise zu erledigen. Wenn Sie beispielsweise zukünftig einen Newsletter herausgegeben wollen, ist es gut, bereits im Alltag Ideen dazu zu sammeln. Wenn Sie dann die Aufgabe bearbeiten, haben Sie bereits eine Menge Ideen zum Auswerten. Nutzen Sie dazu die Kraft der selbst erstellten Aufforderung, beispielsweise:

- Im Ideenbuch ein neues Thema „Newsletter" eröffnen und einige Seiten freihalten. Markieren Sie mit einem Post-it diese Seite besonders auffällig. Unter das Thema schreiben Sie in großer Schrift Fragen wie „Was kann inhaltlich in den Newsletter?".
- Erstellen Sie ein Mind Map, beispielsweise mit den Haupt-überschriften: Inhalte, Verteiler, Technik, Erscheinungs-weise, Turnus. Hängen Sie das Mind Map auf, dann hat es Aufforderungscharakter und Sie können Ihre Ideen immer gleich notieren.
- Legen Sie eine neue Mappe „Newsletter-Ideen-Sammel-stelle" an. Diese Mappe liegt an einer auffälligen Stelle in Ihrem Büro.
- Sie erstellen einen neuen Ordner auf dem PC, in den alle elektronischen Fundstücke abgelegt werden. Auch gelunge-ne Beispiele anderer Newsletteranbieter.
- Sie definieren eine elektronische Aufgabe oder einen elekt-ronischen Post-it (Software-Tipps in diesem Kapitel) „Ideen für meinen Newsletter".

Ideen-Flut? So filtern Sie. Für manchen ist ein Übermaß an Ideen problematisch, vor allem, wenn das Umfeld abwehrend auf ständig neue Ideen reagiert. Denn nicht jede Idee ist eine gute Idee oder schon reif zum Besprechen, daran sollten vor allem rechtshirndominante Menschen denken. Erfassen Sie die Idee in Ihrem Ideenbuch, Ihrer Schatzkiste oder mit einer Software auf dem PC und beachten Sie sie nicht weiter. Nach einer Reifezeit von beispielsweise drei Tagen bewerten Sie die Idee. Eine unbrauchbare Idee hat so niemandem die Zeit ge-stohlen. Eine gute Idee erlebt durch diese Verzögerung keine Einbußen.

Ideen in Aktionen umsetzen

Ideen sollten Sie in Aktionen umsetzen, wie Sie in der Eingangsgrafik gesehen haben. In dieser Checkliste ist der Prozess von der Idee zur Aufgabe auf den Punkt gebracht:

Phase	Das ist zu tun	✓
alle Ideen sichten	Richten Sie sich einen festen Termin ein, an dem Sie alle entstandenen Ideen sichten.	
alle Ideen bewerten	Ist die Idee brauchbar? Sie können beispielsweise Schulnoten vergeben und eine Auswahl treffen. Verworfene Ideen entsorgen.	
ausgewählte Ideen weiterführen	Skizzieren Sie mit einigen Stichworten die nächsten Schritte, um die Idee zur Umsetzung zu bringen.	
ausgewählte Ideen terminieren	Wann soll sie umgesetzt werden, wann erledigt sein? Termine in die Wochen- und Tagesplanung einbinden, Unterlagen dazu in die entsprechende Vorgangssammlung überführen.	
durchgeführte Ideen abschließen	Die Aufgabe nach Erledigung ablegen, archivieren oder entsorgen.	

Notizen verwalten und wiederfinden

Eine Idee ist Ihr persönlicher Kreativschatz aus Ihrem Geist, eine Notiz ist die Dokumentation oder Gedankenstütze zu einem Sachverhalt. Notizen werden im Büro häufig erstellt, beispielsweise als Telefonnotizen, Mitschriften in Besprechungen, Aussagen, Kontaktinformationen, Stichworte zu Sachverhalten. Notizen haben dann einen Nutzen, wenn sie aussagekräftig und zugeordnet sind und vor allem, wenn sie wiedergefunden werden können. Eine verschollene Notiz nützt niemandem. Wieder plädiere ich für eine Ordnungsstruktur in einem Notizbuch, wenn Sie Notizen handschriftlich erfassen.

Verbessert ein Notizbuch Ihre Organisation? Legen Sie sich ein Notizbuch an und organisieren Sie sich so, wie beim Ideenbuch vorgeschlagen. Mit dem oft so bezeichneten „Superbuch" können Sie auch ein Buch für Ideen und Notizen verwenden: vorne werden die Ideen erfasst und wenn Sie das Buch umdrehen, hinten die Notizen. So wird die Unterteilung in Notizen und Ideen sofort sichtbar.

Checkliste für aussagekräftige Notizen. Für Telefonate oder Gespräche bietet es sich an, eine Vorlage zu entwickeln. Welche dieser Stichworte für Notizenvorlagen sind für Ihre Aufgaben geeignet? Kreuzen Sie an, was Sie benötigen, daraus können Sie in wenigen Schritten anschließend eine persönliche Notizenvorlage erstellen.

❏	Datum, evtl. Ort (wenn nicht Ihr Büro)
❏	Gesprächsbeginn und -ende
❏	Telefon oder persönliches Gespräch
❏	Ihr eigener Name, evtl. Abteilung, Funktion
❏	Name, Firma und Funktion des Gesprächs-/Telefonpartners
❏	evtl. Kundennummer
❏	Thema
❏	Inhalt
❏	Vereinbarungen
❏	Informationsweitergabe an
❏	nächster Schritt

Auch hier gilt: Notizen werden nicht „nur" erfasst, sie werden weiterverarbeitet. Was machen Sie im nächsten Schritt damit? In eine Aufgabe verwandeln (zum Beispiel den Lieferanten anrufen), Daten übertragen (zum Beispiel neue Adresse in Kontaktverwaltung übernehmen), an jemanden anderen weiterleiten (zum Beispiel den Einkauf) oder ablegen (im Projekt oder Schriftverkehr des Kunden).

Kennen Sie Software zur Organisation von Ideen, Notizen und Informationen?

Handschriftliche Notizen und Ideen sind für Sie ein Graus? Sie machen alles elektronisch und wollen jetzt nicht zurück in die „Steinzeit"? Und außerdem ist das für Sie als mobiler Typ oder to go-Typ nicht geeignet? Es gibt einen großen Markt an kostenpflichtigen und kostenfreien Tools. Für die Auswahl, die ich Ihnen vorstelle, habe ich vor allem auf zwei Kriterien geachtet: Alle Tools sind Freeware (also kostenfrei) und auf Deutsch. Die Liste ist ganz und gar nicht vollständig und das Verfallsdatum solcher Hinweise kennen Sie wahrscheinlich selbst sehr gut. Ist etwas für Sie dabei?

Stichwort	Kurz-Beschreibung	Beispiele Free-ware (Auswahl)	✓
Elektronische Post-its	Virtuelle Post-its analog zu den gelben Papierklebern. Manche sind mit Erinnerungsfunktion ausgestattet. Für Themenbereiche oder Prioritäten können verschiedene Farben vergeben werden. Teilweise können Bilder oder auch Tabellen eingefügt werden. Es gibt sie auch in der portablen Variante zum Beispiel für den USB-Stick.	ActiveNote Stickies PNotes Portable Klebezettel	
Microsoft inklusive	Elektronisches Notizbuch, erstmalig bei Office 2003, ab Office 2010 ist es enthalten. Das Beste aus den herkömmlichen Medien Karteikasten und Notizbuch ist eingeflossen, außerdem eine Sortierfunktion, Ablage von Links und direkte Verknüpfung zu Outlook zur Verwaltung von Aufgaben, Terminen und Mails. Die Handschriftenerkennung für den Tablet-PC funktioniert sehr gut.	OneNote	
Elektronischer Zettelkasten in Ordnern und Dateien	Ein „Zettelkasten", in den man schnell und unkompliziert Daten aller Art ablegen kann, sowohl eingegebene Texte als auch Grafiken, ganze Dokumente (zum Beispiel Word- oder Excel-Dokumente), Verknüpfungen und Hyperlinks. Die Daten werden in Ordnern und Seiten organisiert. Teilweise auch als mobile Variante.	Scribble Papers Evernote	
Notizbuch für den PC	Es beinhaltet alle Funktionen, die zum Erstellen, Bearbeiten und Löschen von Notizen aller Art benötigt werden. Um in den Notizen suchen zu können, wurde eine Volltextsuche eingebaut.	Das große Notizbuch	

| Datenbank-basiert, Dokumentenmanagement | Diese Freeware ermöglicht die strukturierte Ablage von Textinformationen aller Art. Auch hier: übersichtliche Baumstruktur plus Volltextsuche. Das Programm speichert die einzelnen Einträge zusammengefasst in einer Datenbank-Datei. Die Anwendung eignet sich zum Aufbau und zur Pflege von Wissenssammlungen vielfältigster Art, wie z. B. Tipps-und-Tricks-Sammlungen, Support-Datenbanken, Dokumentationen, elektronische Bücher usw., oder ganz einfach als elektronischer Zettelkasten. | CUEcards® | |

Jetzt sind Sie dran: Ideen und Notizen

Bevor Sie das nächste Kapitel lesen, beantworten Sie sich die folgenden Fragen: Brauche ich ein Ordnungssystem für Ideen und Notizen? Wenn ja, welches will ich ausprobieren? Was muss ich dafür tun, zum Beispiel einkaufen, Software im Internet suchen. Was mache ich in Sachen Notizen zukünftig anders, welchen Impuls will ich umsetzen? Erste Schritte dazu? Wann setze ich es um?

Zusammenfassung für eilige Leser

1. Ideen sind kreative Geistesblitze. Eine Notiz dagegen ist eine schriftliche Gedankenstütze oder Dokumentation eines Sachverhalts.
2. Schreiben Sie Ideen oder Notizen immer auf.
3. Sammeln Sie sie an einen Ort (Ideenbuch, Schatztruhe, Notizbuch, PC), damit keine Ideen oder Notizen verloren gehen.
4. Papier oder PC? Sorgen Sie für die optimale Ausstattung für Ideen und Notizen im Büro und unterwegs.
5. Selbst erstellte Vorlagen und Software erleichtern den Umgang mit Ideen und Notizen.
6. Ideen und Notizen brauchen von der ersten Niederschrift bis zur konkreten Aufgabe ein Sichten und Bewerten. Der Prozess untergliedert sich in: Sammlung, Sichtung, Bewertung, Übertragung und Umwandlung in Aufgaben oder Projekte sowie Ablage, Archivierung oder Entsorgung.

8.
Infothek und Lesestation

Die Menge der täglich eingehenden Mitteilungen, Anfragen, Anforderungen und Texte hat sich vervielfacht. Legen Sie deshalb so wenig Informationen und Lesestoff wie möglich und nur so viel wie nötig ab. Haben Sie keine Angst, etwas zu verpassen. Informationen sind meist wiederzubeschaffen. Finden Sie das rechte Maß für Informationen und Lesestoff, die es wirklich wert sind, Regal- oder Speicherplatz zu erhalten. In vielen Büros wird nicht zwischen Informationen und Lesestoff unterschieden. Lesematerial sind Texte (beispielsweise eine Fachzeitschrift), die man auf jeden Fall noch lesen möchte und die bis dahin einen Aufbewahrungsort benötigen. Informationen werden (vielleicht) zu einem späteren Zeitpunkt oder für bestimmte Aufgaben benötigt. Beispielsweise die neuen Reisekostenabrechnungen: Die Information wird in einem Informationssystem abgelegt, hier unter dem Themenstichwort „Abrechnungen". So wird sie sofort gefunden, wenn die nächste Reise abzurechnen ist. In den meisten Büros gibt es Informationen auf Papier oder elektronisch. Dann ist es wichtig, dass Sie mit identischen Strukturen und Begriffen arbeiten. Auch der grundsätzliche Umgang mit Informationen ist für Papier oder PC gleich. Wie Sie der Übersicht entnehmen können, sind es vom Eingang bis zur Ablage fünf Schritte.

1. Schritt: Informationen erhalten. Fast täglich erhalten wir Informationen. Sie kommen in Papierform (Post, Briefe, Unternehmensvorgaben, Rundschreiben, Memos, eigene oder fremde Notizen, Fachzeitschriften, Fortbildungen, Bücher etc.) und elektronisch (Mails, Newsletter, Feeds, Blogs, aktive Recherche etc.). Alles, was nicht länger als drei Minuten dauert, erledigen Sie am besten sofort wie im folgenden Punkt 2 beschrieben. Für alle anderen Fälle richten Sie eine Mappe oder einen Ablagekorb ein und in Ihrem E-Mail-Postfach einen Ordner. Beschriften Sie sie jeweils mit „Informationen: entscheiden".

Zeitnah sichten Sie die Informationen und bewerten, ob sie überhaupt abgelegt werden sollen, siehe Schritt 2.

2. Schritt: Informationen schnell bewerten. Eine Information kann nach verschiedenen Kriterien bewertet werden, beispielsweise nützlich, relevant, sinnvoll, erforderlich, aktuell. Mit meinem persönlichen Bewertungsschema beurteile ich den möglichen Nutzen und den Neuigkeitswert. Dazu vergebe ich jeweils einen Wert zwischen 1 (am niedrigsten) und 5 (am höchsten). Was nicht mindestens eine 3 bekommt, lege ich als Information gar nicht erst ab.

3. Schritt: Informationen bearbeiten. Was soll mit der Information als nächstes geschehen? Eine der nachfolgenden Aktionen? Dann setzen Sie sie um, sonst geht es weiter mit Schritt 4.

- Die Information muss ausgewertet werden.
- Die Information muss weitergeleitet werden.
- Die Information wird zu einer Aufgabe. Die erledigen Sie entweder sofort oder sie wird terminiert.

4. Schritt: Informationen verwalten und gezielt ablegen. Eine gut nutzbare Infothek sollten Sie wie andere Daten und Ablagen strukturieren. Die Empfehlungen aus den entsprechenden Kapiteln gelten auch hier. Vor allem lebt eine Infothek von der guten Pflege: einheitliche Standards, gute Absprachen und Disziplin aller Nutzer.

Papier	elektronisch
Standort bestimmen	Ablageort bestimmen
evtl. eine verantwortliche Person plus Vertretung benennen	evtl. eine verantwortliche Person plus Vertretung benennen
verwenden Sie stabile Stehsammler, oder Ordner, auf jeden Fall eindeutig beschriftet mit Oberbegriffen (Thema, ggf. Jahreszahl)	als Mail, Office- oder PDF-Dokument anlegen oder in spezielle Software einpflegen. Lesen Sie dazu meine Empfehlungen zur Software im Kapitel zu Ideen und Notizen.
abheften/ablegen nach thematischer Ordnung, dann chronologisch	thematische Ordnung
Liste führen mit Suchbegriffen, in der Spalte dahinter den Oberbegriff	Suchbegriffe vergeben
Ausleihe organisieren	Zugriffsberechtigungen vergeben
Archivierung oder Wegwerfen organisieren	Archivierung oder Löschen organisieren

5. Schritt: Informationen entsorgen. Papierunterlagen sollten regelmäßig ausgedünnt werden. Setzen Sie sich dazu Regeln wie „Wenn etwas Neues reinkommt, fliegt etwas Altes raus!". Oder Sie vergeben das Entsorgungsdatum. Mit den elektronischen Daten verfahren Sie genauso.

Tipp

Die zwei Herzen der Solounternehmer. Solounternehmerinnen empfehle ich, Informationen thematisch in zwei Bereiche vorzugliedern:

1. Das eigene, fachliche Thema und alles, was damit zu tun hat.

2. Informationen rund ums Business, beispielsweise zu Steuern, Finanzen, PR, Webmarketing, Akquise, Personal usw.

Lernen Sie die Vorteile einer Lesestation kennen

Fachbücher, Artikel, Korrespondenz, Berichte, Webseiten, Newsletter, neue Richtlinien oder Gesetze warten darauf, gelesen zu werden. Das kostet Zeit und verführt zur Stapelbildung. Im schlechtesten Fall ist die Fachzeitschrift unter die Tagesaufgaben gemischt. Möchten Sie eine bessere Verwertung des Gelesenen erreichen? Wollen Sie eine gut organisierte Lesestation einrichten, sodass Sie immer schnell entscheiden können, was wohin kommt? Hier sind meine Anregungen, wenn Sie Ihr Lesen im Büro verbessern möchten.

Was lesen Sie? Entscheiden Sie sofort, ob der Lesestoff überhaupt lesenswert ist. Andernfalls entsorgen Sie die Unterlage gleich. Dann folgt die zweite Entscheidung, nämlich wann gelesen wird – sofort oder später. Beim „Später-Lesen" benötigen Sie einen zentralen Ort der Aufbewahrung, ein Lesefach oder eine Lesestation. Das kann ein Ablagekorb, ein so bezeichneter Stehsammler oder eine Hängemappe sein. Bei Zeitschriften kann es sinnvoll sein, nur die gewünschten Artikel herauszutrennen und alles andere gleich zu entfernen. Sie dürfen keinen Cutter einsetzen? Dann markieren Sie lesenswerte Artikel mit Post-its. Später konzentrieren Sie sich auch nur auf diese. Ein Archiv bildet den Abschluss für den Lesestoff, der das Prädikat „unbedingt aufbewahren" von Ihnen erhält. Bevor wir ins Detail gehen, orientieren Sie sich bitte in der Übersicht auf der folgenden Seite.

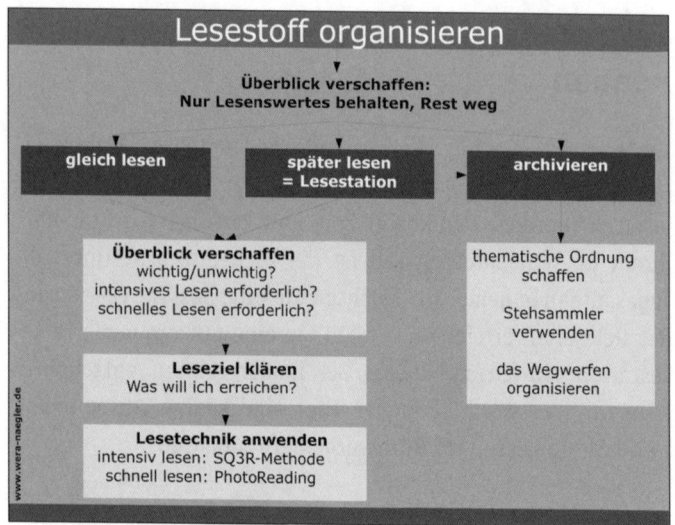

Lesestoff organisieren

Überblick verschaffen:
Nur Lesenswertes behalten, Rest weg

| gleich lesen | später lesen = Lesestation | archivieren |

Überblick verschaffen
wichtig/unwichtig?
intensives Lesen erforderlich?
schnelles Lesen erforderlich?

Leseziel klären
Was will ich erreichen?

Lesetechnik anwenden
intensiv lesen: SQ3R-Methode
schnell lesen: PhotoReading

thematische Ordnung
schaffen

Stehsammler
verwenden

das Wegwerfen
organisieren

www.wera-naegler.de

Abbildung 9: Lesestoff organisieren

Viel-Leser brauchen einen Überblick und ein Leseziel. Wer im Büro viel lesen muss, interessiert sich häufig für Lesetechniken, um Zeit zu sparen. Unabhängig von Lesetechniken: Gewöhnen Sie sich das Vergeben von Prioritäten für Lesestoff genauso an, wie Sie es bei Aufgaben handhaben. Dann sollten Sie entscheiden, ob Sie eher schnell oder eher intensiv lesen wollen. Hier lohnt es sich, in das Lernen entsprechender Lesetechniken zu investieren.

Ich stelle Ihnen dazu die **SQ3R-Methode** für intensives und **PhotoReading** für schnelles Lesen vor.

Intensives Lesen mit SQ3R

Wenn Sie sich öfter Inhalte von Fachartikeln, Broschüren oder Büchern gezielt erarbeiten müssen, könnte die SQ3R-Methode für Sie interessant sein. Diese Lesemethode erfasst Texte in fünf Schritten:

SQ3R	Phase	das ist zu tun
S – Survey	Überblick	• Text überfliegen, querlesen. • Klappentext, Inhaltsverzeichnis und Zusammenfassung lesen. • Zwischenüberschriften lesen (bei Büchern schnell durchblättern).
Q – Question	Fragen entwickeln	• Fragen entwickeln für das eigene Ziel. • Was will ich (nach der Lektüre) wissen? • Ergeben sich neue Informationen, andere Sichtweisen oder neue Aspekte?
R – Read	genau lesen	• Antworten für die eigenen Fragen suchen. • Textmarker benutzen, evtl. verschiedene Farben, zum Beispiel Gelb für Hervorhebungen, Blau für wichtige Schlüsselwörter. • Schlüsselwörter und Kernaussagen markieren. • Eigene Symbole wie ! ? ” entwickeln. • Portionen für Ihr Gehirn: Lesen Sie zur besseren Konzentration und Behaltensleistung lieber drei Mal 30 Seiten als 90 Seiten am Stück.
R – Recite	zusammenfassen	• Wichtige Informationen sichern. • Sich wichtige Aspekte vergegenwärtigen oder ein Mind Map erstellen mit den Antworten zu den Fragen. • Möglichst eigene Worte und Formulierungen verwenden.
R – Review	Rückblick	• Nochmals eigene Notizen durchsehen. • Überprüfen, ob die gestellten Fragen beantwortet sind.

Für eine spätere Weiternutzung in Präsentationen, Fachbeiträgen oder Marketingaktionen bilden Sie mit SQ3R bereits beim Lesen den Grundstock. Die SQ3R-Methode wurde von F. P. Robinson entwickelt. Sie gehört heute zu den am häufigsten genutzten Methoden zur gründlichen Inhaltserfassung von Texten.

Die fünf Phasen des SQ3R. Nach dem Überblick konkretisiert man das eigene Leseziel. Es folgt das intensive Lesen. Den Abschluss bildet eine Überprüfung. Anfangs braucht man ein wenig Disziplin, die sich aber später auszahlt. Fassen Sie aber keine Schritte zusammen, denn dann funktioniert die Technik nicht. Die Übersicht auf der vorangegangenen Seite zeigt, wie Sie vorgehen können.

Tipp

Lesestoff aufteilen. Wenn Unterlagen von verschiedenen Personen im Team genutzt werden, verteilen Sie den Lesestoff auf mehrere Schultern. Wenn jede Person für ihren Bereich eine kurze Zusammenfassung schreibt, sind alle informiert. So manches Original wird dadurch vielleicht sogar überflüssig!

Schnelles Lesen mit PhotoReading

Stellen Sie sich vor, Sie könnten einen kurzen Artikel in nur 30 Sekunden erfassen und hinterher das Wesentliche daraus wiedergeben. Oder in unglaublich kurzer Zeit ein Buch lesen und anschließend Fakten daraus nennen. In diesem Kapitel beschreibe ich Ihnen eine der wirkungsvollsten Lese- und Lernmethoden. Und nicht nur zum Lesen von Fachliteratur, sondern auch von E-Mails, Korrespondenz, Internetseiten, elektronischen Dateien, Berichten, Anträgen usw. Mit Photo-Reading verabschieden Sie sich allerdings von dem gelernten

Wort-für-Wort- oder Absatz-für-Absatz-Lesen. Die gute Nachricht ist: Sie nutzen Ihre unbewussten Hirnbereiche. Und nach Erkenntnissen der Hirnforschung heißt dies: Auf 15 bit bewusster Wahrnehmung kommen in unserem Gehirn ungefähr 11 Millionen bit unbewusster Wahrnehmungen.

PhotoReading ist mehr als schnelles Lesen. PhotoReading wird von Paul Scheele, dem Entwickler dieser Lesetechnik, in seinem gleichnamigen Buch und in Seminaren in fünf Schritten vermittelt: Einstimmen, Überblick, PhotoLesen, Rückschau und Aktivieren. Scheele bricht dabei mit typischen Lesegewohnheiten und vermittelt ein aktives Lesen. Statt im herkömmlichen Sinn zu lesen, stellen Sie Ihren Blick beim PhotoReading in der Phase des Lesens auf den sogenannten „PhotoFokus" ein. Sie erfassen mit dieser Art des peripheren Sehens eine ganze Seite mit einem Blick. Die weiteren Techniken sichern, dass Sie das unbewusst aufgenommene Wissen auch bewusst nutzen können. Überlegen Sie einmal, wie es wäre, wenn Sie schneller lesen und besser auf die gelesenen Informationen zugreifen könnten. Wie könnten Sie die eingesparte Zeit besser für sich nutzen? Vielleicht ist dies das Argument, die Methode PhotoReading zu erlernen.

Lesestation – stationär und to go. Fachzeitschriften und Artikel kommen in die Lesestation. Es empfiehlt sich, eine Lesemappe für unterwegs anzulegen. So baut sich Ihr Lesestapel ab und Sie nutzen Wartezeiten, Pausen sowie Flug- und Bahnreisen. Die Lesestation „to go" sollte Artikel in unterschiedlichem Umfang und Anspruchsgrad enthalten. Wenn die Lesestation voll ist, sichten Sie das Material von unten nach oben auf Relevanz und Aktualität. Auch Ihre mobilen Geräte enthalten am besten eine gute Mischung an Themen und von unterschiedlicher Lesedauer.

Und wie sortieren Sie am besten? Wenn Sie Ihr Lesematerial sichten, haben Sie vielleicht Bücher, Fachzeitschriften, Jahrgangszeitschriften, Kataloge usw. Je umfangreicher Ihr Material ist, desto wichtiger ist ein Sortiersystem. Wählen Sie für Papier und PC eine möglichst identische Ordnung. Zum Ordnen können Sie nach Alphabet, Autoren, Zeitschriftenausgabe, Fachgebiet oder nach Themen vorgehen. Oft ist die thematische Ordnung die Beste. Innerhalb der Themen bietet sich eine alphabetische oder chronologische Feinsortierung an, wenn die Lesestation sehr umfangreich ist. Zur Aufbewahrung sind stabile Stehsammler geeignet. Auch hier ist die eindeutige und gut lesbare Beschriftung ein Muss. Wenn Sie Zeitschriften im Abo beziehen, empfiehlt sich eine jahrgangsweise Sammlung. So kann später jahrgangsweise entsorgt werden. Planen Sie das Wegwerfdatum bereits mit ein, denn Lesematerial ist schnell veraltet.

Immer öfter: Was „auf die Ohren" oder Video statt lesen. Hörbücher, Videos und Audiodateien gibt es in Hülle und Fülle im Internet. Sie bilden eine gute Ergänzung oder Alternative zum Lesen. Auch hier meine Tipps:

- Bestimmen Sie einen zentralen Ort, an dem die Dateien auf dem PC oder CDs/DVDs im Regal abgelegt werden.
- Die Sortierung sollte Ihrer Lesestation, Ihrer Dateiablage oder einer sonstigen sinnvollen Systematik entsprechen.
- Halten Sie auf mobilen Geräten (Handy, PDA, MP3-/MP4-Player) und fürs Auto zusätzlich eine Auswahl an Audiodateien in unterschiedlicher Länge bereit.

Jetzt sind Sie dran: Infothek und Lesestation einrichten

Beim ersten Lesen hat man oft spontane Ideen. Lauschen Sie auf Ihre Einfälle und notieren Sie sie sofort. Sie sind das wichtigste Geschenk, das Sie sich beim Lesen eines Fachbuches selbst machen können. Ignorieren Sie alles, was für Sie nicht interessant oder relevant ist. Konzentrieren Sie sich darauf, was für Sie passt. Fragen Sie sich: Was will ich aus diesem Kapitel umsetzen oder näher betrachten?

Zusammenfassung für eilige Leser

1. Informationen sollten Sie nicht wahllos sammeln und ablegen.
2. Investieren Sie am Anfang Zeit in: Bewerten der Information, bearbeiten = als Aufgabe definieren, verwalten und gezielt ablegen und zuletzt entsorgen.
3. Auch beim Lesen gilt: Überblick verschaffen statt „irgendwie" zu sammeln und zu lesen.
4. Verschaffen Sie sich einen Überblick und klären Sie Ihr Leseziel.
5. Lesetechniken wie SQR3 und PhotoReading kommen gerade Vielsesern zugute.
6. Audiodateien oder Videos ergänzen den Lesestoff. Sorgen Sie für eine gute Auswahl im Büro und auch für unterwegs.

9.
Starten Sie durch – anders geht immer!

Hallo, geschätzte Leserin, geschätzter Leser, ich freue mich, Sie in diesem Abschlusskapitel wiederzutreffen. Wenn Sie bis hierhin gelesen und sich Notizen gemacht haben, dann Gratulation. Wenn Sie Anregungen bereits umgesetzt haben, herzlichen Glückwunsch! Wenn Sie womöglich ein halbes Jahr zum Lesen des Buches benötigt haben, dann klopfen Sie sich für Ihre Ausdauer auf die Schulter. Vielleicht haben Sie auch einige Themen erst einmal ausgelassen? Oder Sie haben viele der Übungen mitgemacht und eigene Notizen erstellt? So oder so haben Sie eine Menge an Materialien und Ideen, wie Sie Ihre Büroorganisation verbessern können.

Wissen Sie, was der größte Fehler ist, den man nach dem Lesen eines solchen Buches machen kann und den ich früher selbst auch oft gemacht habe? Ich wollte immer alles sofort und gleich umsetzen. Und bei meinen Trainingsteilnehmern erlebe ich diesen Sturm und Drang auch immer wieder. Ich gebe dann meist folgenden Hinweis: „Liebe Leute, ihr könnt nicht alles umsetzen und schon gar nicht auf einmal!" Denn das ist weder gut noch erforderlich. Man überfordert sich, ist frustriert und es stellen sich womöglich Versagensgefühle ein.

Vielleicht helfen Ihnen meine nachfolgenden Tipps, diese Klippe zu umschiffen und Ihre Veränderungsenergie auf „Erforderliches" und „Ausdauer" zu schalten:

1. **Was sind meine Baustellen?** Machen Sie sich klar, was für Sie derzeit der größte Hemmschuh, die größten Energiefresser oder die größten Baustellen in Ihrer Büroorganisation sind. Was behindert Sie am meisten in Ihrer Büroarbeit? Was frustriert am meisten, was klappt am wenigsten oder was verbrennt die meiste Arbeitszeit? Schreiben Sie das auf, jetzt! Notieren Sie die drei größten Baustellen in Ihrer Büroorganisation.

2. **Welche Kapitel oder Passagen brauche ich?** Mit Blick auf diese Baustellen gehen Sie nochmals gezielt die Kapitel dieses Buches sowie Ihre Notizen durch.

3. **Was bringt die schnellste Entlastung?** Entscheiden Sie sich mit dem Fokus auf Ihren größten Baustellen, welche Methoden, Vorschläge oder Arbeitshilfen Ihnen am schnellsten eine Verbesserung für Ihren Büroalltag bringen.

4. **Wie bringe ich Ordnung in diese vielen Veränderungsideen?** Notieren Sie sich alle Ideen als konkrete Arbeitsaufträge oder Ziele. Diese Liste arbeiten Sie nach und nach ab. Sie können dazu eine eigene Liste erstellen oder Sie verwenden meine Arbeitshilfe „Veränderungsspeicher". Die Vorlage können Sie sich wahlweise als PDF- oder als Worddatei von meiner Webseite *www.wera-naegler-buch.de* mit dem Kennwort *rugiwo68* herunterladen.

5. **Wie fange ich an?** Beginnen Sie die erste Veränderung sofort bzw. innerhalb der nächsten drei Tage. Untersuchungen zeigen, dass andernfalls die meisten Vorsätze unterbleiben oder scheitern.

6. **Wie geht es langfristig weiter?** Wenn Sie eine Veränderung pro Woche umsetzen, maximal zwei, dann bringen Sie genug Neues auf den Weg, ohne sich dabei zu überfordern.

7. **Wann kommt der nächste Schritt?** Wenn diese Änderungen allmählich für Sie zur Routine werden, nehmen Sie sich den nächsten Punkt Ihres Veränderungsspeichers vor.

Seien Sie aber auch nicht zu zaghaft. Haben Sie Baustellen, die Sie mit Ihren bisherigen Mitteln nicht lösen konnten? Die meisten Menschen verdoppeln daraufhin ihre Anstrengungen. Was man sich nicht klar macht: Wenn man das doppelte „Falsche" oder „Wirkungslose" macht, kommt man der Lösung trotzdem keinen Schritt näher. „Nicht mehr vom Gleichen, sondern etwas grundsätzlich Anderes machen", lautet die bessere Strategie. Wenn es nicht so geht wie bisher, dann machen Sie es anders, um eine bessere Lösung zu finden. Und dazu sind in diesem Buch viele konkrete Anleitungen. Einige Vorschläge sind Ihnen unbekannt, neu, fremd? Aber genau deshalb haben Sie doch das Buch gekauft. Dann machen Sie auch den nächsten Schritt, etwas Neues und Anderes, vielleicht eher Untypisches wirklich zu erproben.

Ich wünsche Ihnen viel Erfolg und vor allem:

Haben Sie Spaß dabei!

Literaturverzeichnis

Brück, Jutta: Management im Chefsekretariat. Feldhaus Verlag, Hamburg 2005.

Kerber, Bärbel: Die Arbeitsfalle: Wie man sein Leben zurückgewinnt. Walhalla Fachverlag, Regensburg 2008.

Kossak, Hans- Christian: Lernen leicht gemacht: Gut vorbereitet und ohne Prüfungsangst zum Erfolg. Carl-Auer-Systeme, Haidelberg 2008.

Rettig, Gernot: Zeitmanagement. Effektivität und Effizienz. Referat, 2006.

Scheele, Paul: PhotoReading. Die neue Hochgeschwindigkeitslesemethode in der Praxis. Junfermannsche Verlagsbuchhandlung, Paderborn 2008.

Seiwert, Lothar J.: Das 1x1 des Zeitmanagements, mgv Verlag, München 1992.

Seiwert, Lothar J.: Wenn Du es eilig hast, gehe langsam, Campus Verlag, Frankfurt am Main 1998.

Seiwert, Müller u. a.: Zeitmanagement für Chaoten. Gabal Verlag, Offenbach, 8. Auflage 2006.

Sher, Barbara: Du musst dich nicht entscheiden, wenn du tausend Träume hast. dtv-Taschenbücher, München 2008.

Schmidt, Fohrer: Besser organisieren – 99 wirksame Tipps für mehr Überblick im Büro. Cornelsen Verlag, Berlin 2006.

Virtue, Doreen: Zeit-Therapie. Ullsein, Berlin, 3. Auflage 2007.

Eva Ruppert
Ihr starker Auftritt
Knigge heute – individuell und
überzeugend

192 Seiten; 2009; 17,90 Euro
ISBN 978-3-938358-90-0; Art.-Nr.: 788

So schaffen Sie die Basis für Ihren persönlichen und geschäftlichen Erfolg

Der souveräne Auftritt ist neben der fachlichen Kompetenz der entscheidende Karrierefaktor. Nur wer moderne Verhaltensstandards kennt und diese gepaart mit gesundem Menschenverstand anwendet, ebnet den Weg für ein rücksichtsvolles und sympathisches Miteinander.

Das neue Buch von Eva Ruppert verarbeitet Erfahrungen aus ihrer mehr als 15-jährigen Tätigkeit als Image- und Kommunikationstrainerin. Kritisch hinterfragt die Autorin die von dem anonymen „Council of Etiquette" vorgegebenen Regeln, macht sie transparent und prüft sie auf ihre Aktualität. Mit wertvollen, direkt in die Praxis umsetzbaren Tipps zeigt sie dem Leser, wie er sich gekonnt in Szene setzt. Die hohe Kunst besteht darin, die Regeln zu beherrschen, ohne sich dabei beherrschen zu lassen. Oftmals ist es nötig, situativ zu entscheiden und die eine oder andere Regel individuell auszulegen – denn der souveräne Umgang mit der Etikette ist der Türöffner für eine erfolgreiche Karriere.

Setzen Sie sich perfekt in Szene – Dieses Buch ist unverzichtbar für Führungskräfte, Accountmanager, Kundenberater und all jene, die ihren persönlichen Auftritt perfektionieren wollen.

Leonie Walter, Markus Walter
Gewusst wie – Das 1×1 der Pressearbeit
So wird Öffentlichkeitsarbeit zum Erfolg

160 Seiten; 2010; 17,90 Euro
ISBN 978-3-86980-012-7; Art.-Nr.: 783

„Wie komme ich in die Zeitung?" – Für kleine und mittelständische Unternehmen ist die Pressearbeit oft ein Buch mit sieben Siegeln.

Doch das muss nicht sein. Die PR-Profis Leonie und Markus Walter verraten in ihrem neuen Buch die Spielregeln in der Beziehung zwischen Unternehmen und Journalisten. Sie geben kreative Impulse, wie man „Schlagzeilen macht" und mit PR „auf Kundenfang geht". Ob lokale Zeitungsredaktion, Fachmagazin oder die weite Welt des Web 2.0 und der Social Media – „heiße News" aus den Unternehmen sind überall willkommen. Die große Kunst besteht lediglich darin, aus dem „Tag der offenen Tür", einer Dienstleistung oder dem eigenen Produkt News zu machen.

Die Autoren illustrieren in diesem Buch, wie Pressemitteilungen mit News-Wert und Fachartikel entstehen, wie man Medienrecherche betreibt, Presseverteiler aufbaut, gekonnt mit Journalisten umgeht und langfristige Beziehungen zu Medien pflegt.

Anita Hermann-Ruess
**Wirkungsvoll präsentieren –
Das Buch voller Ideen**
Rhetorik-Highlights, Argumente,
Formulierungen und Methoden für
emotionale Präsentationen

456 Seiten; 2010; 29,80 Euro
ISBN 978-3-86980-075-2; Art.-Nr.: 846

Rhetorik-Highlights, Argumente, Formulierungen und Methoden für emotionale Präsentationen

Wie man Präsentationen und Vorträge hält, wissen die meisten Menschen. Mitreißen, fesseln und beeindrucken gelingt aber den wenigsten. Genau hier setzt dieses Buch an: Hunderte von Formulierungen, Stilmitteln, Wirkfiguren, kreativen Ideen und rhetorischen Highlights helfen, einzigartige emotionale Vorträge und Präsentationen zu entwickeln.

Anita Hermann-Ruess, Expertin für Präsentation und Rhetorik sowie mehrfache Buchautorin, liefert in dieser Sonderausgabe das Know-how für überzeugende und herausragende Präsentationen. Wirkungsvolle Gesten, mediale Inszenierungstechniken oder authentische Körpersprache – mit diesem Buch sind Sie in allen Phasen der Präsentation bestens beraten. Und mit dem limbischen Wörterbuch finden Sie endlich im Handumdrehen die richtigen Formulierungen mit der passenden emotionalen Wirkung.

facebook - marketing unter freunden

Felix Holzapfel, Klaus Holzapfel
facebook - marketing unter freunden
Dialog statt plumpe Werbung

248 Seiten; 3. Auflage 2011; 29,80 Euro
ISBN 978-3-86980-053-0; Art.-Nr.: 824

Ihre Zielgruppen sind im Web 2.0! Und wo sind Sie?

Social Media stehen im Begriff, das Marketing zu revolutionieren. Mitwirkung und Partizipation sind die Schlüsselwörter. Kommunikation mit Kunden findet auf Augenhöhe statt. Konsumenten werden zu aktiven Mitgestaltern von Marketing, Produkten und sogar Marken.

Felix und Klaus Holzapfel, Experten für alternative Marketingstrategien, illustrieren, was die User in sozialen Netzwerken machen, wie man sich mit ihnen „verbrüdert", was man alles von ihnen lernen kann und wie man sie aktiv in die eigene Marketingstrategie integriert. Denn nur wer Facebook verstanden hat, kann sich positionieren und Kampagnen entwerfen, die nicht nerven, sondern als gern gesehener „Freund" von sich reden machen. Dabei verwandeln die kürzlich vorgestellten Social Plugins von Facebook statische Webseiten in interaktive Erlebnisse, vernetzen Informationen und schaffen attraktiven Mehrwert für Nutzer und Unternehmen.

Dieses Buch führt Sie durch die Welt des Social Networks Facebook. Es zeigt, wie Sie Facebook in Ihr Marketing integrieren und welche Werbe- und Kommunikationsmöglichkeiten es bietet.

Anhand zahlreicher internationaler Praxisbeispiele – von großen Marken bis hin zum Ein-Mann-Unternehmen – zeigen die Autoren, wie man die neuen Herausforderungen in Marketing, Kommunikation und PR bewältigt und sich ein Millionenpublikum erschließt – weltwelt.

Die Ich-Sender

Wolfgang Hünnekens
Die Ich-Sender
Das Social Media-Prinzip
Twitter, facebook & Communitys
erfolgreich einsetzen

156 Seiten; 2009; 17,90 Euro
ISBN 978-3-86980-005-9; Art.-Nr.: 808

Eines der wohl meistgelesenen Bücher zu Social Media und Web 2.0

Die Ich-Sender – sie twittern, bloggen und präsentieren einem Millionenpublikum Details aus ihrem Leben. Social Media sind für die Generation Upload so selbstverständlich wie die Luft zum Atmen – doch wie steht es um die Unternehmen? Die kommerzielle Nutzung von Facebook, Twitter, XING und Co. für gezieltes Marketing, Zielgruppenkommunikation oder PR ist für viele Unternehmen noch immer nicht Realität.

Der Kommunikationsprofi Wolfgang Hünnekens zeigt in seinem neuen Buch, welche Möglichkeiten das Web 2.0 mit seinen Kommunikationsformen bietet. Den Kinderschuhen entwachsen entwickeln sich die Social Media zu einer ernsthaften, seriösen Kommunikationsform. Anhand vieler Beispiele zeigt dieses Buch, welche Potenziale diese neuen Medien bieten. Ob Social Media-Kenner oder -Novizen, die beabsichtigen ins Thema einzusteigen, sie alle finden in diesem Buch viele neue Aspekte für den gezielten Einsatz von Social Media.

„Die Denkanleitung für die sozialen Medien."
getAbstract (Februar 2010)